手をつないで，ゴールをめ

8 よこつなぎシールをはるよ。

9 たてつなぎシールをはるよ。

スタート
START

よこつなぎシールをはろう

1 2 3 4 5 6 7 8

9 10 11 12 13 14 15 16 17 18 19 20 21

たてつなぎシールをはろう

22 23 24 25 26 27 28 29 30 31

32 33 34 35 36 37 38 39 40 41 42 43

44 45 46 47 48 49 50

51 52 53 54 55 56 57 58 59

60 61 62 63 64 65

66 67 68 69 70 71 72 73

74 75 76

77 78 79

フレー！
フレー！

ゴール
GOAL

このドリルの特長と使い方

このドリルは，「苦手をつくらない」ことを目的としたドリルです。単元ごとに「問題の解き方を理解するページ」と「くりかえし練習するページ」をもうけて，段階的に問題の解き方を学ぶことができます。

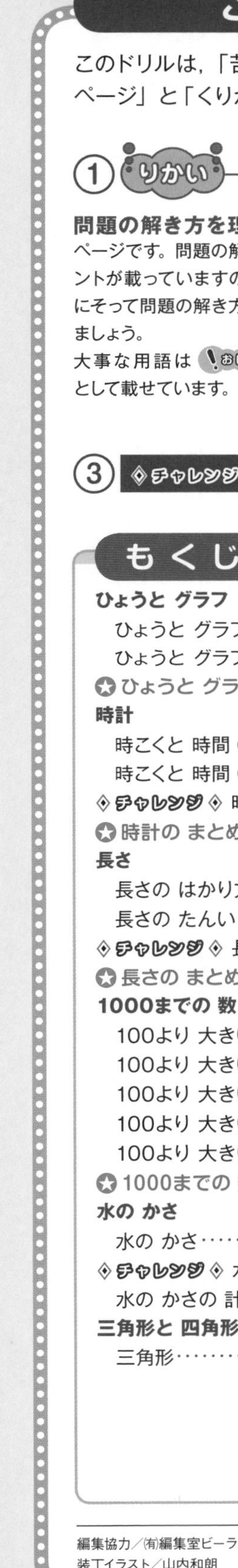

① りかい

問題の解き方を理解するページです。問題の解き方のヒントが載っていますので，これにそって問題の解き方を学習しましょう。
大事な用語は おぼえよう として載せています。

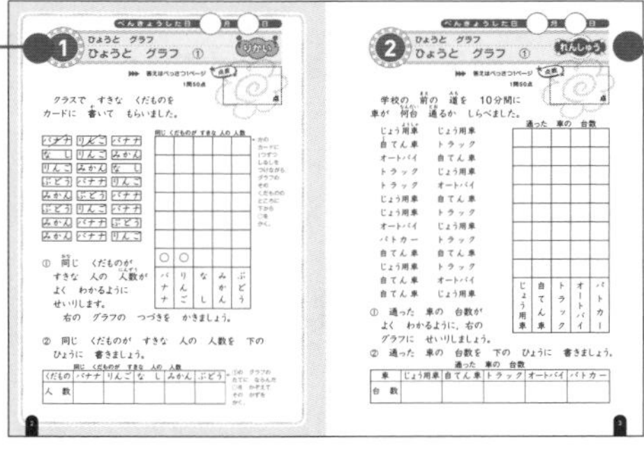

② れんしゅう

「理解」で学習したことを身につけるために，くりかえし練習するページです。「理解」で学習したことを思い出しながら問題を解いていきましょう。

③ ◇チャレンジ◇

間違えやすい問題は，別に単元を設けています。こちらも「理解」→「練習」と段階をふんでいますので，重点的に学習することができます。

もくじ

編集協力／㈲編集室ビーライン　校正／金井章一・㈱東京出版サービスセンター　装丁デザイン／株式会社 しろいろ
装丁イラスト／山内和朗　シールイラスト／北田哲也　本文デザイン／ハイ制作室 若林千秋　本文イラスト／西村博子

ひょうと　グラフ

ひょうと　グラフ　①

りかい

▶▶▶ 答えはべっさつ1ページ

1問50点

点数　　　点

クラスで　すきな　くだものを
カードに　書（か）いて　もらいました。

バナナ	りんご	バナナ
な　し	りんご	みかん
りんご	みかん	な　し
ぶどう	バナナ	りんご
みかん	ぶどう	バナナ
ぶどう	りんご	バナナ
みかん	バナナ	ぶどう
みかん	バナナ	りんご

同じ　くだものが　すきな　人の　人数

○	○			
バナナ	りんご	なし	みかん	ぶどう

←左の　カードに　1つずつ　しるしを　つけながら，グラフの　その　くだものの　ところに　下から　○を　かく。

① 同（おな）じ　くだものが　すきな　人の　人数（にんずう）が　よく　わかるように　せいりします。
　右の　グラフの　つづきを　かきましょう。

② 同じ　くだものが　すきな　人の　人数を　下の　ひょうに　書きましょう。

同じ　くだものが　すきな　人の　人数

くだもの	バナナ	りんご	な　し	みかん	ぶどう
人　数					

←①の　グラフの　たてに　ならんだ　○を　かぞえて　その　かずを　かく。

べんきょうした日　　月　　日

ひょうと　グラフ

ひょうと　グラフ　①

れんしゅう

▶▶▶ 答えはべっさつ1ページ

点数　　　点

1問50点

学校の　前(まえ)の　道(みち)を　10分間に
車が　何台(なんだい)　通(とお)るか　しらべました。

じょう用車(ようしゃ)	じょう用車
自(じ)てん車	トラック
オートバイ	自てん車
トラック	じょう用車
トラック	オートバイ
じょう用車	自てん車
じょう用車	トラック
オートバイ	じょう用車
パトカー	トラック
自てん車	自てん車
じょう用車	トラック
自てん車	オートバイ
自てん車	じょう用車

通った　車の　台数

じょう用車	自てん車	トラック	オートバイ	パトカー

① 通った　車の　台数が
よく　わかるように，右の
グラフに　せいりしましょう。

② 通った　車の　台数を　下の　ひょうに　書きましょう。

通った　車の　台数

車	じょう用車	自てん車	トラック	オートバイ	パトカー
台　数					

ひょうと　グラフ

ひょうと　グラフ　②

りかい

▶▶▶ 答えはべっさつ1ページ

点数

1問25点

点

下の　ひょうと　グラフは，クラスで すきな スポーツは 何(なに)かを しらべて せいりした ものです。

すきな　スポーツ

スポーツ	やきゅう	サッカー	バレーボール	水えい
人　数	6	8	3	5

すきな　スポーツの　人数(にんずう)

	○		
	○		
○	○		
○	○		○
○	○		○
○	○	○	○
○	○	○	○
○	○	○	○
やきゅう	サッカー	バレーボール	水えい

① すきと こたえた 人が いちばん 多(おお)い スポーツは 何(なん)ですか。

←数の　大小は　グラフで 見ると　わかりやすい。 ○の　数が　いちばん　多い スポーツを　こたえる。

② すきと　こたえた　人が 2ばんめに　多い　スポーツは 何ですか。

数の　大小なので，グラフで 見る。○の　数が 2ばんめに　多い スポーツを　こたえる。

③ すきと　こたえた　人が 5人の　スポーツは　何ですか。

←ひょうで　見たほうが わかりやすい。人数の　ところが　5とある スポーツを　こたえる。

④ すきと　こたえた　人が　いちばん　多い　スポーツと いちばん　少ない　スポーツの　人数の　ちがいは 何人ですか。

人

←ひょうで　見て，ひき算で　もとめる。

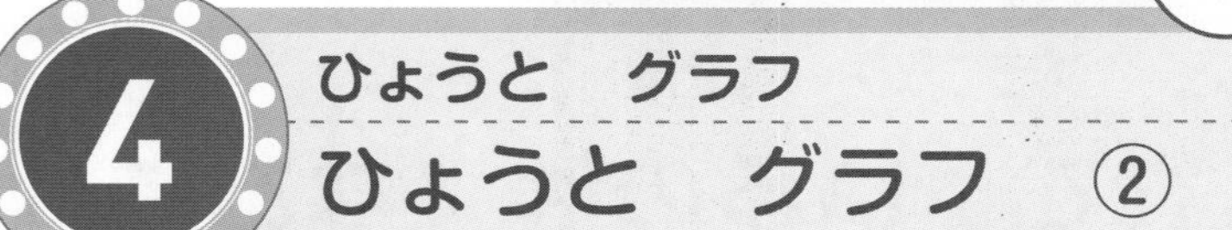

4 ひょうと　グラフ

ひょうと　グラフ　②

れんしゅう

答えはべっさつ1ページ

点数

1問20点

点

下の　ひょうと　グラフは，クラスで白，赤，黒（くろ），青，黄（き）の　5色（しょく）の　うち　どの　色（いろ）が　すきかを　しらべて　せいりした　ものです。

すきな　色

色	白	赤	黒	青	黄
人数	5	7	3	6	3

すきな　色の　人数

	○			
	○		○	
○	○		○	
○	○		○	
○	○	○	○	○
○	○	○	○	○
○	○	○	○	○
白	赤	黒	青	黄

①　すきと　こたえた　人が　いちばん　多い　色は　何ですか。

②　すきと　こたえた　人が　3ばんめに　多い　色は　何ですか。

③　すきと　こたえた　人が　3人の　色は　何ですか。

　　と

④　すきと　こたえた　人が　いちばん　多い　色と　いちばん　少ない　色の　人数の　ちがいは　何人ですか。

人

ひょうと　グラフの　まとめ
かくれて　いるのは　なあに

▶▶▶答えはべっさつ2ページ

「すきな　デザート」の　ひょうで，いちばん　多い　デザートと，3ばんめに　多い　デザートの　名前の　ところを　ぬりつぶして　みましょう。

すきな　デザート

くだもの	プリン	ゼリー	ケーキ	アイス
				●
			●	●
	●		●	●
	●	●	●	●
●	●	●	●	●
●	●	●	●	●

答え

べんきょうした日　　月　　日

6 時計

時こくと　時間　①

りかい

▶▶▶ 答えはべっさつ2ページ　点数　　点

1：1問30点　2：1問40点

1 下の　①の　時計は，ゆみさんが朝　おきた　時こくを　あらわし，②の　時計は，ゆみさんが　学校から　家へ　帰って　きた　時こくを　あらわして　います。

①

②

それぞれの　時こくを，午前，午後を　つかって　書きましょう。

① 午□　□時□分 ←おひるより　前の　時こく。7時を　すこし　すぎて　いる。

② 午□　□時□分 ←おひるを　すぎて　いる。もう　すこしで　3時。

2 午前10時15分の　3時間あとの時こくは　午□　□時15分です。　午前は　12時まで。13時は　午後1時。

べんきょうした日　　月　　日

7 時計
時こくと　時間　①

れんしゅう

▶▶▶ 答えはべっさつ2ページ

点数　　点

1問20点

1 下の　①の　時計(とけい)は，きのう　お母さんが　ねた　時(じ)こくを　あらわし，②の　時計は，けさ　お母さんが　おきた　時こくを　あらわして　います。それぞれの　時こくを，午前(ごぜん)，午後(ごご)を　つかって　書(か)きましょう。

①

②

① 午□　□時□分(ふん)

② 午□　□時□分

2 つぎの　時こくを　書きましょう。

① 午後8時から　5時間(じかん)あとの　時こく

午□　□時

② 午前6時から　12時間あとの　時こく

午□　□時

③ 正午(しょうご)　　午前□時

時計

時こくと　時間　②

りかい

答えはべっさつ2ページ

点数　　点

①～④：1問15点　⑤，⑥：1問20点

右の　時計は　今（いま）の　時こくを　あらわして　います。つぎの　時間や　時こくを　答（こた）えましょう。

① 1時までの　時間

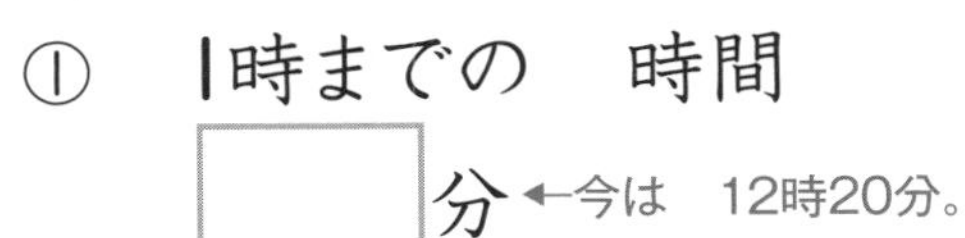

② 20分あとの　時こく

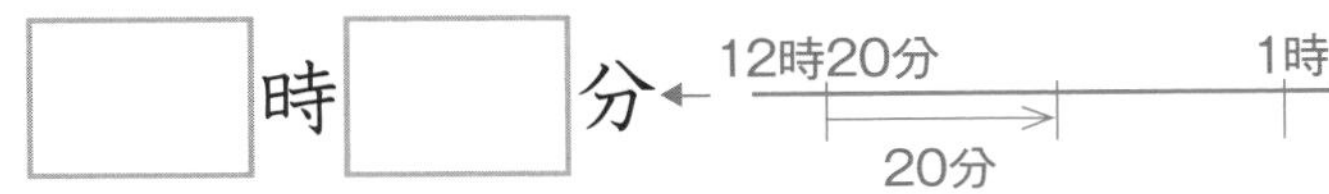

③ 50分あとの　時こく

④ 10分前の　時こく

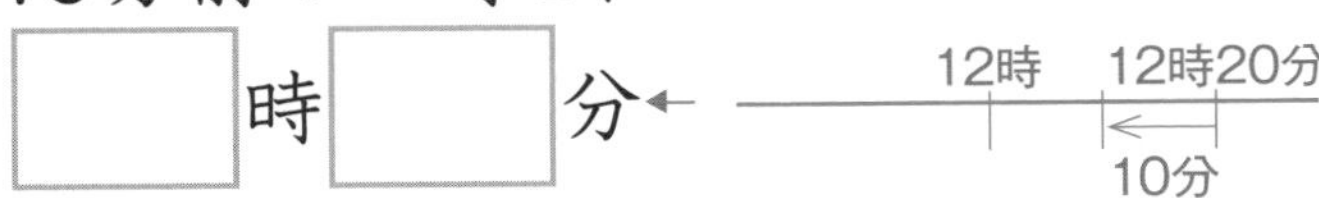

⑤ 30分前の　時こく

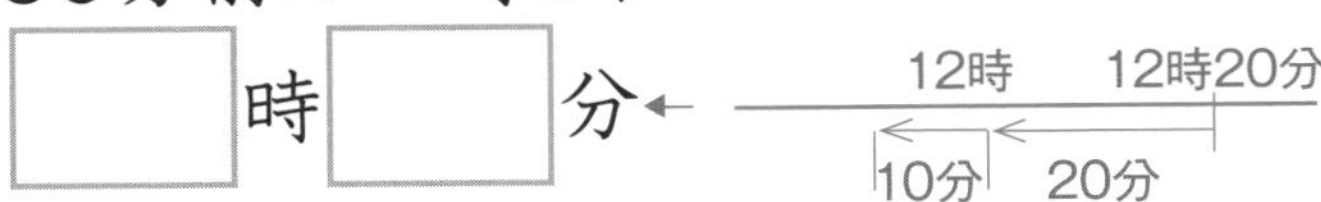

⑥ 1時間あとの　時こく

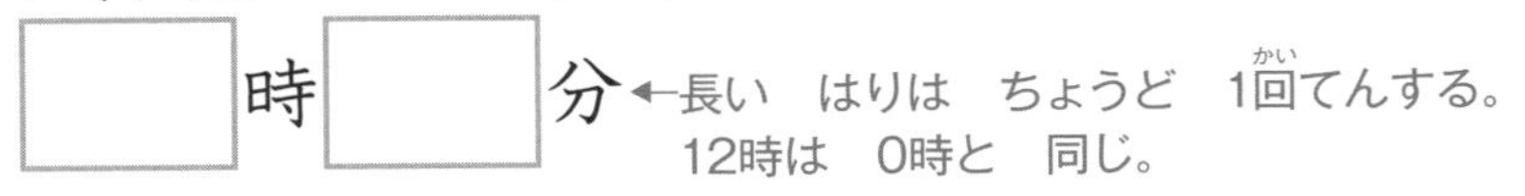

べんきょうした日　　月　　日

9 時計
時こくと　時間　②

れんしゅう

▶▶▶ 答えはべっさつ2ページ

点数　　点

①～④：1問15点　⑤，⑥：1問20点

右の　時計(とけい)は　今(いま)の　時(じ)こくを
あらわして　います。つぎの　時こくを
答(こた)えましょう。

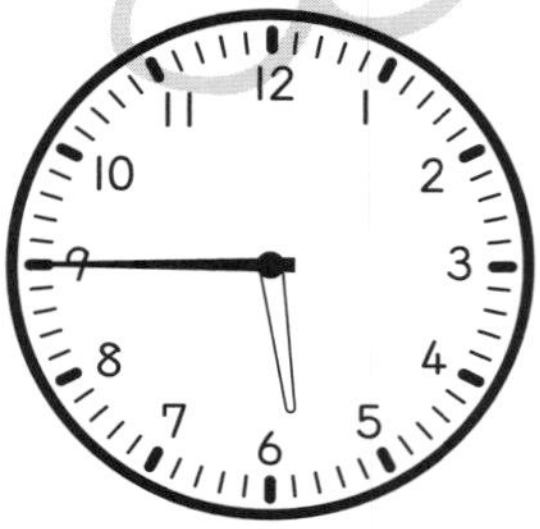

①　今の　時こく　□時□分(ふん)

②　30分あとの　時こく　□時□分

③　45分あとの　時こく　□時□分

④　20分前(まえ)の　時こく　□時□分

⑤　35分前の　時こく　□時□分

⑥　1時間前の　時こく　□時□分

◇チャレンジ◇

べんきょうした日　月　日

時計

時こくと　時間　③

▶▶▶ 答えはべっさつ3ページ

①，②：1問30点　③：40点

下の　時計は，けんじさんが　公園(こうえん)へ行(い)った　日の　時間(じかん)を　あらわして　います。

① おきてから出かけるまでの時間は　何(なん)時間何分ですか。

□時間□分

↑
おきてから　1時間　たつと　8時20分。

② 家から公園まで　何分かかりましたか。

□分←9時までの時間より10分　多い。

③ 公園に　いた　時間は何時間何分ですか。

□時間□分←10時までの　時間と　10時からの時間を　たす。

時計

時こくと　時間　③

れんしゅう

答えはべっさつ3ページ

点数

1問50点

点

1　下の　時計(とけい)は　休みの　日に
まさやさんが　テレビを　見はじめた　時(じ)こくと，
見るのを　やめた　時こくを　あらわして　います。
まさやさんは　何時間何分(なんじかんぷん)　テレビを　見て　いましたか。

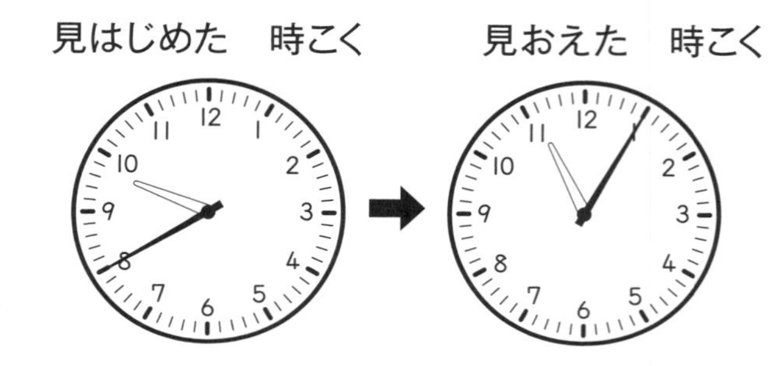

□時間□分

2　下の　時計は　まさやさんの　おねえさんが　見に
行った　おしばいが　はじまった　時こくと，おわった
時こくを　あらわして　います。
おしばいは　何時間何分　やって　いましたか。

はじまった 時こく　→　おわった 時こく

□時間□分

12 時計の　まとめ
食べたのは　だあれ

▶▶▶答えはべっさつ3ページ

しまって おいた ケーキが 食べられて しまいました。
食べたのは だれでしょう。
下の 時計の □ に 入る 時間を ひらがなに かえて，
左から じゅんに ならべると わかります。

答え

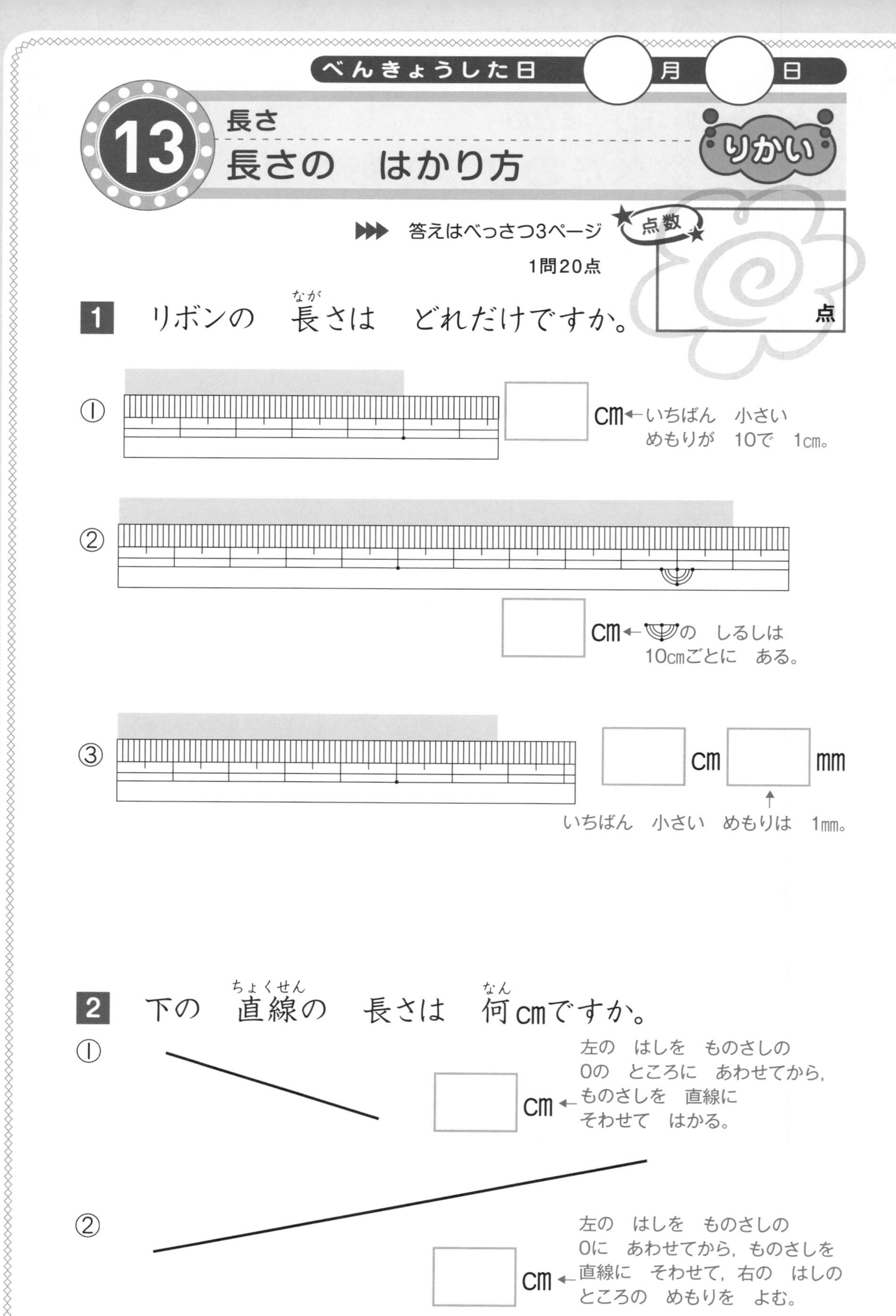

べんきょうした日　月　日

13 長さ
長さの　はかり方

りかい

▶▶▶ 答えはべっさつ3ページ

点数

1問20点

点

1 リボンの　長(なが)さは　どれだけですか。

① □cm ← いちばん　小さい　めもりが　10で　1cm。

② □cm ← の　しるしは　10cmごとに　ある。

③ □cm □mm

いちばん　小さい　めもりは　1mm。

2 下の　直線(ちょくせん)の　長さは　何(なん)cmですか。

① □cm ← 左の　はしを　ものさしの　0の　ところに　あわせてから，ものさしを　直線に　そわせて　はかる。

② □cm ← 左の　はしを　ものさしの　0に　あわせてから，ものさしを　直線に　そわせて，右の　はしの　ところの　めもりを　よむ。

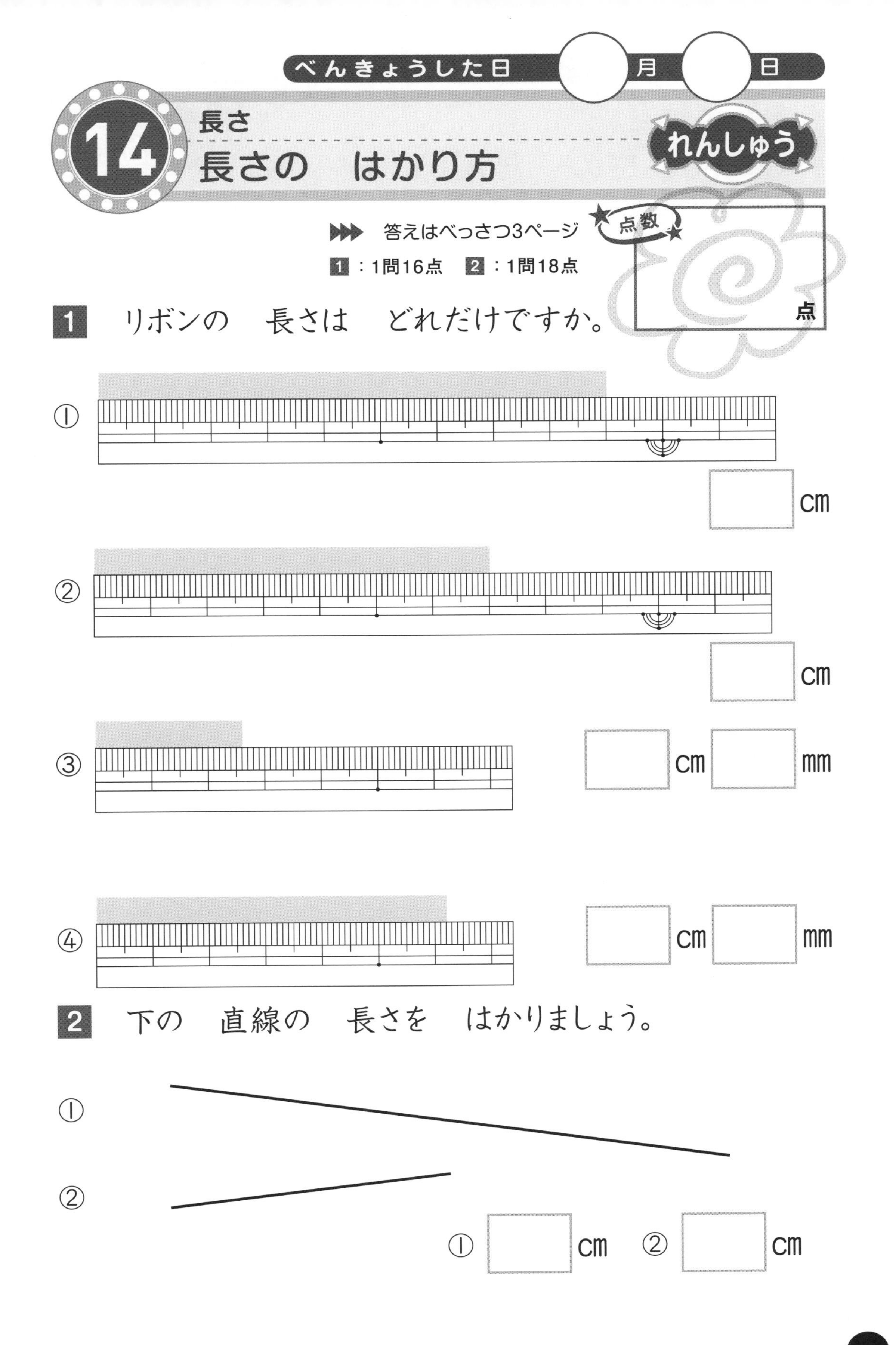

べんきょうした日　月　日

14 長さ
長さの　はかり方

れんしゅう

▶▶▶ 答えはべっさつ3ページ

1 ：1問16点　2 ：1問18点

点数　点

1 リボンの　長さは　どれだけですか。

①　cm

②　cm

③　cm　mm

④　cm　mm

2 下の　直線の　長さを　はかりましょう。

①

②

①　cm　②　cm

長さ

長さの　たんい

りかい

答えはべっさつ3ページ

①～⑤：1問8点　⑥～⑨：1問15点

点

□に　あてはまる　数(かず)を　書(か)きましょう。

① 3cm＝□mm ←1cmは　10mm。

② 12cm＝□mm ←10mmが　12こぶん。

③ 60mm＝□cm ←10mmが　6こぶん。

④ 100mm＝□cm ←10mmが　10こぶん。

⑤ 7cm8mm＝□mm ←10mmが　7こぶんと　あと　8mm。

⑥ 10cm5mm＝□mm ←10mmが　10こぶんと　あと　5mm。

⑦ 83mm＝□cm□mm ←10mmが　8こぶんと　あと　3mm。

⑧ 26mm＝□cm□mm ←20mmと　6mm。

⑨ 114mm＝□cm□mm ←110mmと　4mm。

おぼえよう！

- 1cm＝□mm

16

長さ

長さの　たんい

れんしゅう

答えはべっさつ4ページ

1問10点

点

□に　あてはまる　数を　書きましょう。

① 8cm＝□mm

② 10cm＝□mm

③ 50mm＝□cm

④ 110mm＝□cm

⑤ 1cm9mm＝□mm

⑥ 5cm1mm＝□mm

⑦ 10cm3mm＝□mm

⑧ 43mm＝□cm□mm

⑨ 63mm＝□cm□mm

⑩ 105mm＝□cm□mm

長さ

長さの　計算

▶▶▶ 答えはべっさつ4ページ

①～⑧：1問10点　⑨：20点

点

計算(けいさん)を　しましょう。

① 6cm＋3cm＝□cm ←1cmの　長(なが)さが（6+3）こぶんの　長さ。

② 8cm−5cm＝□cm ←1cmの　長さが（8−5）こぶんの　長さ。

③ 2mm＋6mm＝□mm ←1mmの　長さが（2+6）こぶんの　長さ。

④ 7mm−4mm＝□mm ←1mmの　長さが（7−4）こぶんの　長さ。

⑤ 4cm3mm＋5cm＝□cm□mm ←cmどうしを　たす。

⑥ 3cm2mm＋6mm＝□cm□mm ←mmどうしを　たす。

⑦ 5cm7mm−1cm＝□cm□mm ←cmどうしを　ひく。

⑧ 2cm9mm−6mm＝□cm□mm ←mmどうしを　ひく。

cmどうし，mmどうしを　それぞれ　たす。

⑨ 7cm6mm＋2cm3mm＝□cm□mm

長さ

長さの　計算

れんしゅう

▶▶▶ 答えはべっさつ4ページ

①～⑧：1問10点　⑨：20点

点数　　点

計算を　しましょう。

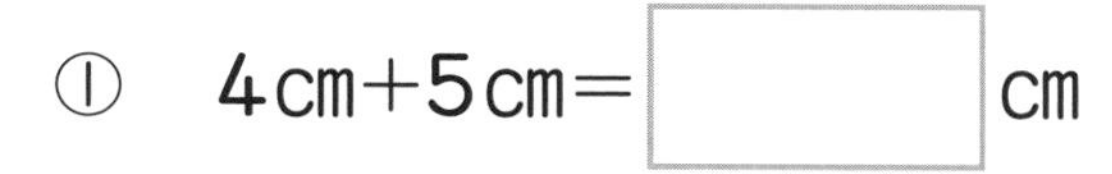

① 4cm+5cm=［　　］cm

② 7cm−6cm=［　　］cm

③ 2mm+7mm=［　　］mm

④ 13mm−8mm=［　　］mm

⑤ 7cm4mm+5cm=［　　］cm［　　］mm

⑥ 5cm3mm+2mm=［　　］cm［　　］mm

⑦ 15cm6mm−3cm=［　　］cm［　　］mm

⑧ 10cm5mm−4mm=［　　］cm［　　］mm

⑨ 8cm4mm+2cm3mm=［　　］cm［　　］mm

長さの　まとめ

たからものは　どこ

▶▶▶答えはべっさつ4ページ

あを　スタートして，①～⑥の　とおりに　すすむと，
たからものを　見つける　ことが　できます。
たからものは　い～きの　どこに　ありますか。

① 右へ　2cm5mm	② 上へ　1cm5mm
③ 右へ　1cm	④ 上へ　2cm5mm
⑤ 右へ　2cm5mm	⑥ 上へ　2cm

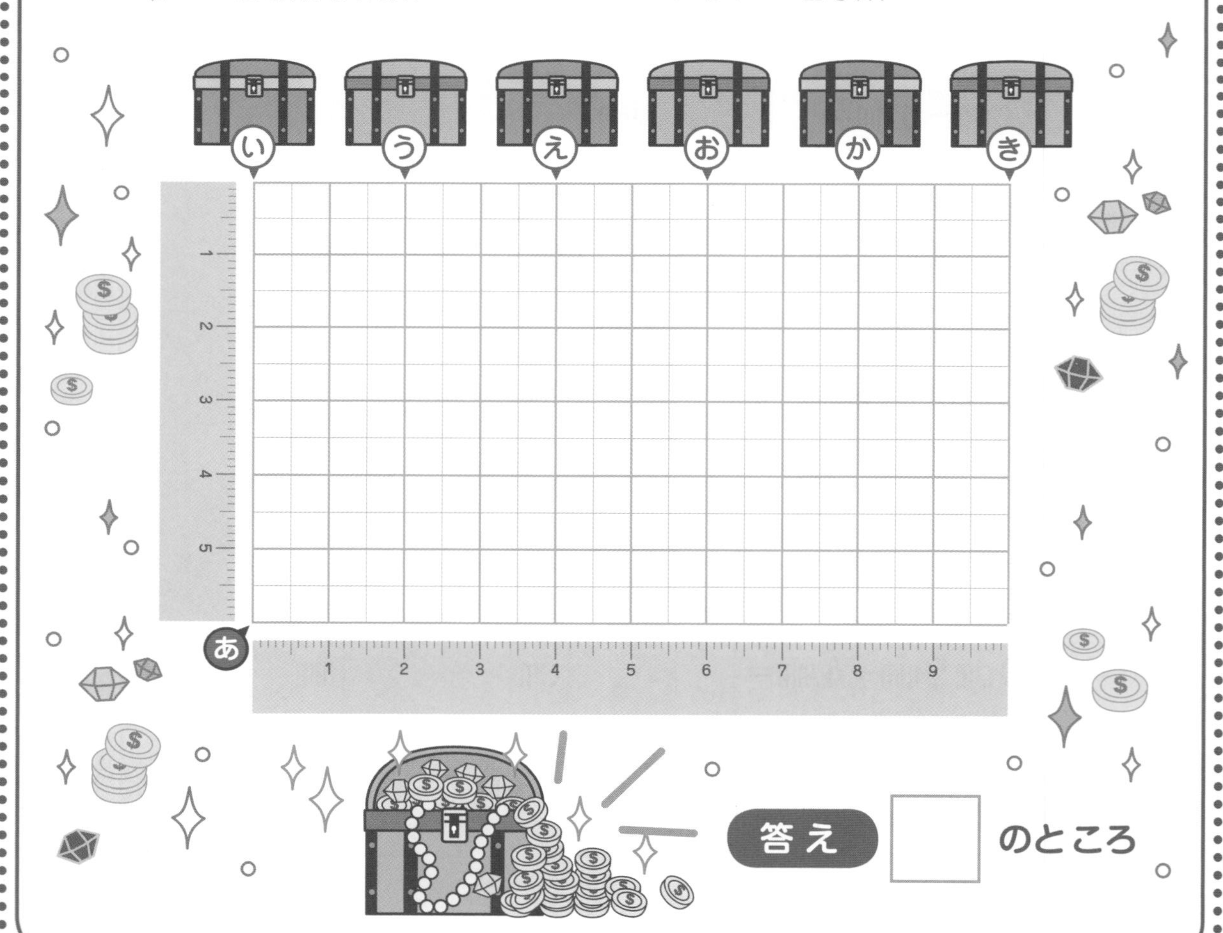

べんきょうした日　月　日

1000までの　数
100より　大きい　数　①

りかい

▶▶▶ 答えはべっさつ4ページ

1問25点

あめは　何こ　ありますか。数字で書きましょう。

① 10 10 10 10 10 10 10 10 10 10 10 10 10 10

□ こ←10が　10こで100　100と　40

② 100 100 100 100 10 10 10

□ こ←100が　4こと30と　5

③ 100 100 100 100 100 100

□ こ←100が　6こと7

④ 100 100 100 10 10 10 10 10

□ こ←100が　3こと50と　8

21 1000までの　数
100より　大きい　数　①

答えはべっさつ5ページ

1問25点

点

コインの　数(かず)を　数字(すうじ)で　書(か)きましょう。

①

［　　］こ

②

［　　］こ

③

こ

④

こ

べんきょうした日　　月　　日

22 1000までの　数
100より　大きい　数　②

▶▶▶ 答えはべっさつ5ページ

点数　　点

1問10点

1 つぎの 数の 読(よ)み方を 書きましょう。

① 300　[　　　]　←百が　3こ

② 820　[　　　]　←百が　8こと　十が　2こ

③ 710　[　　　]　←百が　7こと　十が　1こ

④ 506　[　　　]　←百が　5こと　一が　6こ

⑤ 327　[　　　]　←百が　3こ,　十が　2こ,　一が　7こ

2 つぎの　数を，数字で　書きましょう。

① 四百　[　　　]　←100が　4こ

② 九百三十　[　　　]　←100が　9こと　10が　3こ

③ 二百十　[　　　]　←100が　2こと　10が　1こ

④ 六百五　[　　　]　←100が　6こと　1が　5こ

⑤ 二百七十八　[　　　]　←100が　2こ，10が　7こ，1が　8こ

べんきょうした日　　月　　日

23 1000までの 数
100より 大きい 数 ②

れんしゅう

▶▶▶ 答えはべっさつ5ページ

1問10点

点数　　点

1 つぎの 数の 読み方を 書きましょう。

① 500

② 360

③ 407

④ 816

⑤ 1000

2 つぎの 数を，数字で 書きましょう。

① 六百

② 七百五十

③ 二百九

④ 四百十六

⑤ 九百三十二

24 1000までの　数
100より　大きい　数　③

りかい

▶▶▶ 答えはべっさつ5ページ

点数　　点

1, 2①～③：1問12点　2④, ⑤：1問14点

1 つぎの □ に　あてはまる　数字を　書きましょう。

① 368の　百のくらいの　数字は □ です。
（300と　60と　8）

② 209の　十のくらいの　数字は □ です。
（200と　9）

③ 754の　一のくらいの　数字は □ です。
（700と　50と　4）

2 つぎの　数を　答(こた)えましょう。

① 100を　4こ，10を　2こ　1を　6こ　あわせた　数 □
←400と　20と　6

② 100を　2こ，1を　7こ　あわせた　数 □
←200と　7

③ 百のくらいが　3，十のくらいが　0，一のくらいが　5の　数 □
←300と　5

④ 10を　83こ　あつめた　数 □
←10が　80こと　3こ

⑤ 100を　10こ　あつめた　数 □
←100が　9こと　100が　1こ

1000までの　数
100より　大きい　数　③

▶▶▶ 答えはべっさつ5ページ

点数　　点

1，2①～③：1問12点　2④，⑤：1問14点

1 つぎの □ に　あてはまる　数字（すうじ）を　書（か）きましょう。

① 732の　百のくらいの　数字は □ です。

② 400の　十のくらいの　数字は □ です。

③ 817の　一のくらいの　数字は □ です。

2 つぎの　数（かず）を　答（こた）えましょう。

① 100を　5こ，10を　3こ，1を　7こ　あわせた　数 □

② 100を　4こ，1を　5こ　あわせた　数 □

③ 百のくらいが　9，十のくらいが　0，一のくらいが　2の　数 □

④ 10を　70こ　あつめた　数 □

⑤ 10を　65こ　あつめた　数 □

べんきょうした日　　月　　日

26　1000までの　数
100より　大きい　数　④

りかい

▶▶▶ 答えはべっさつ5ページ

1 ：1問12点　2 ：1問14点

点数　　点

1 □に　あてはまる　数を　書きましょう。

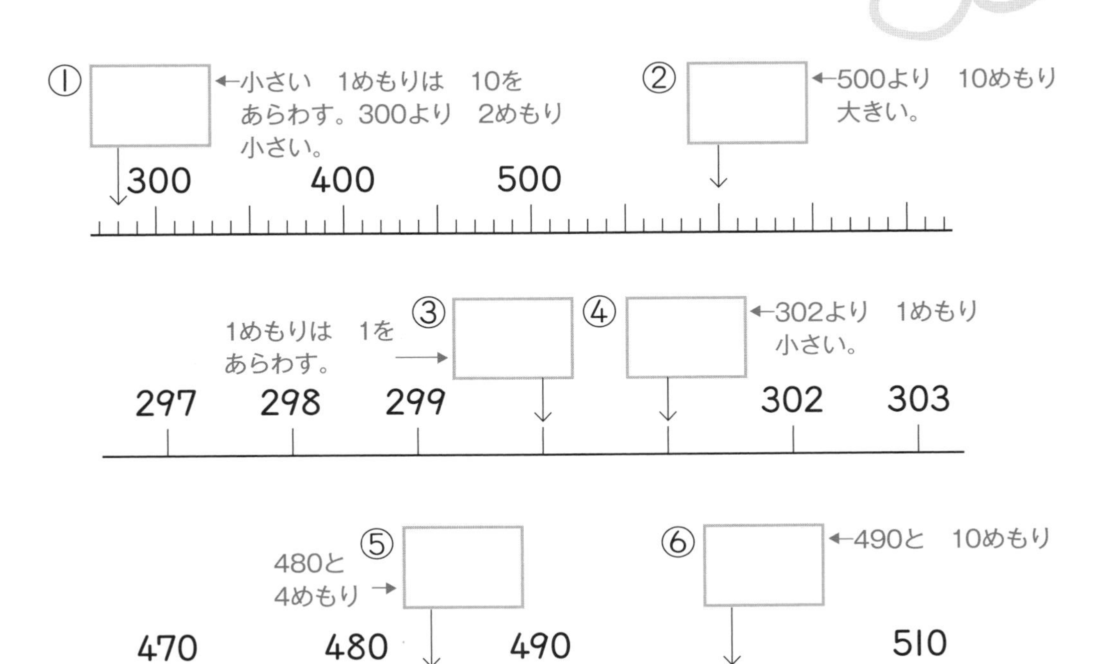

2 下の　数の線(せん)で，892を　あらわす　めもりに
↓と　あを　書きましょう。また，909を　あらわす
めもりに　↓と　いを　書きましょう。

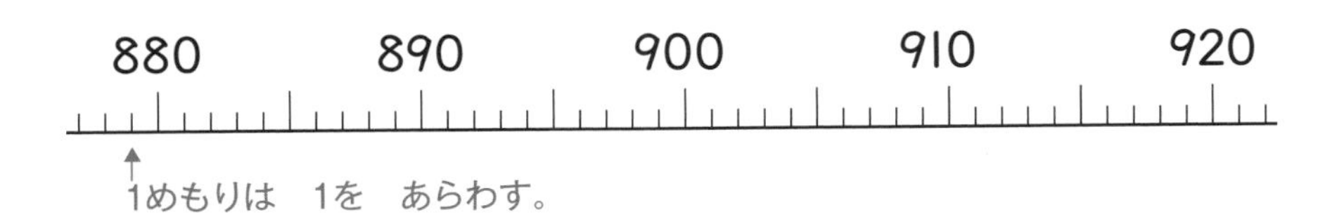

べんきょうした日　　月　　日

27 1000までの　数
100より　大きい　数 ④ れんしゅう

▶▶▶ 答えはべっさつ6ページ

点数　　点

1問10点

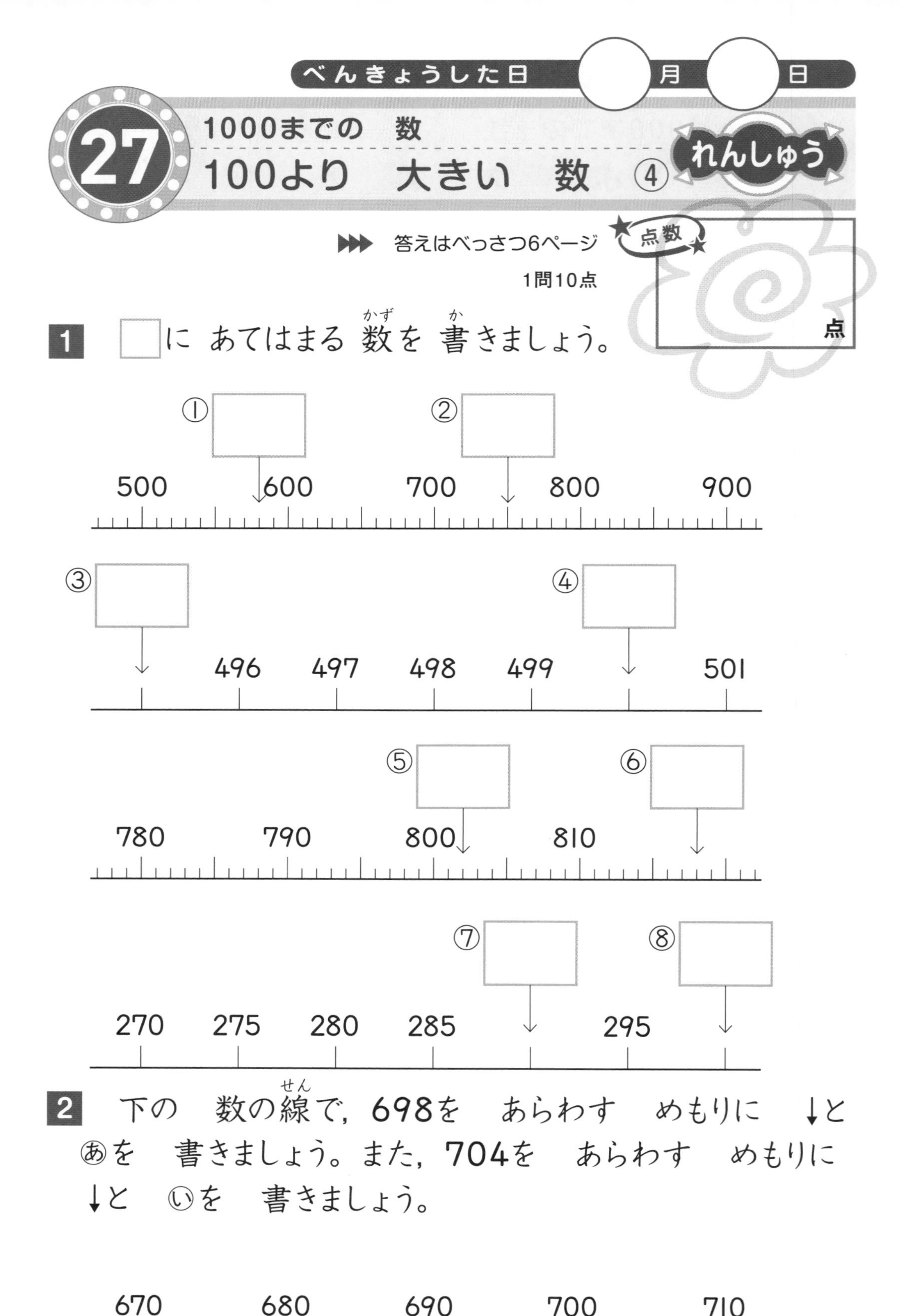

1 □に　あてはまる　数(かず)を　書(か)きましょう。

2 下の　数の線(せん)で，698を　あらわす　めもりに　↓と　㋐を　書きましょう。また，704を　あらわす　めもりに　↓と　㋑を　書きましょう。

べんきょうした日　　月　　日

1000までの　数

100より　大きい　数　⑤

▶▶▶ 答えはべっさつ6ページ

点数　　点

1，**2**①～⑤：1問11点　**2**⑥：12点

1 □に　あてはまる　＞，＜を
書きましょう。

① 392 □ 413←百のくらいで　くらべる。

② 543 □ 528←十のくらいで　くらべる。

③ 734 □ 736←一のくらいで　くらべる。

2 □に　あてはまる　＞，＜，＝を　書きましょう。

① 130 □ 50＋70←右の　しきを　計算(けいさん)して　くらべる。

② 200＋50 □ 250←左の　しきを　計算して　くらべる。

③ 180－60 □ 140←左の　しきを　計算して　くらべる。

④ 620 □ 650－50←右の　しきを　計算して　くらべる。

⑤ 340＋40 □ 420←左の　しきを　計算して　くらべる。

⑥ 560 □ 580－20←右の　しきを　計算して　くらべる。

べんきょうした日　　月　　日

29 1000までの　数

100より　大きい　数　⑤

れんしゅう

答えはべっさつ6ページ

点数

1問10点

点

1 □に　あてはまる　>，<を　書（か）きましょう。

① 689 □ 701　　② 378 □ 360

③ 935 □ 937

2 □に　あてはまる　>，<，＝を　書きましょう。

① 90+40 □ 150

② 600 □ 300+200

③ 320−20 □ 300

④ 230 □ 280−80

⑤ 400+300 □ 600

⑥ 750−30 □ 720

⑦ 540 □ 560−30

30 1000までの　数の　まとめ
どこへ　行ったのかな

▶▶▶答えはべっさつ6ページ

ともやさんは，大きい 数の ほうへ すすみ，
みさきさんは，小さい 数のほうへ すすみました。
ふたりは，それぞれ どこへ 行ったでしょう。

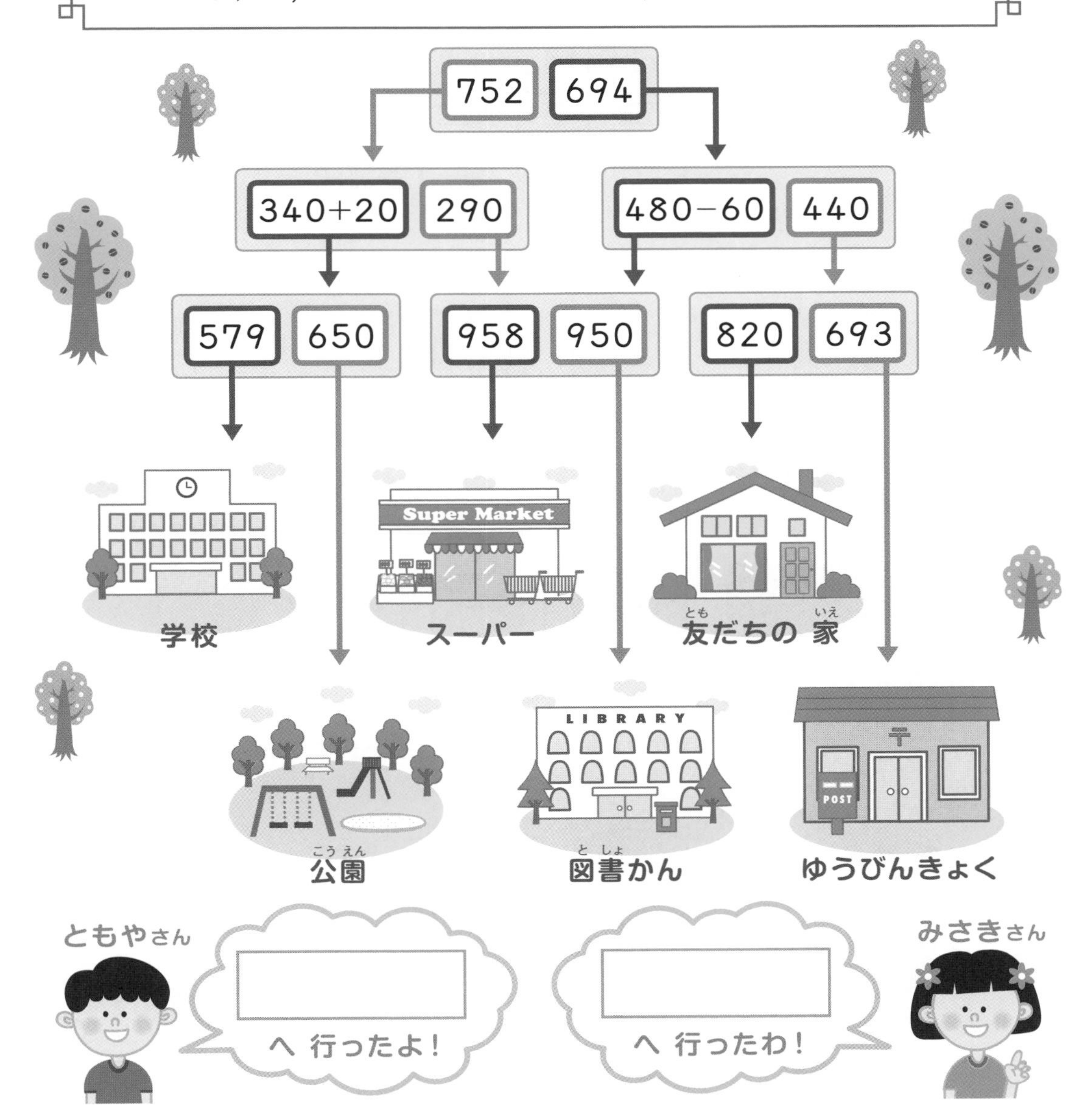

ともやさん
へ 行ったよ！

みさきさん
へ 行ったわ！

31 水の　かさ

水の　かさ

答えはべっさつ6ページ

点数　点

1問25点

入れものに　入る　水の　かさを
書(か)きましょう。

①

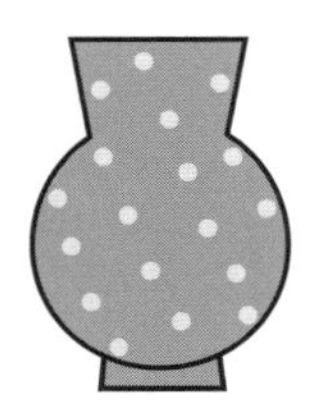

1dL　1dL　1dL　1dL
1dL　1dL　1dL　1dL

1dLの　ますで
8はいぶん
□dL

②

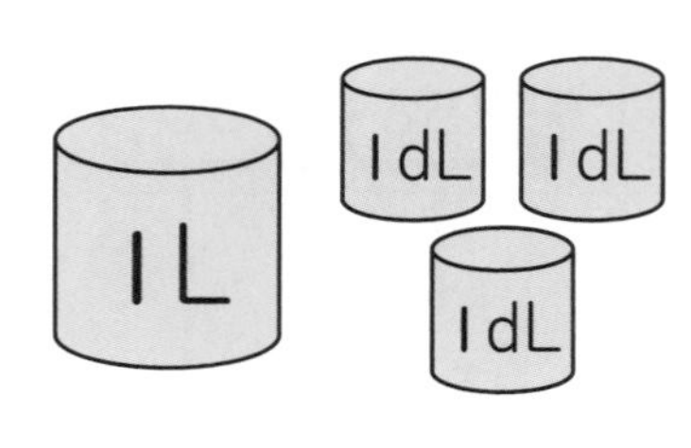

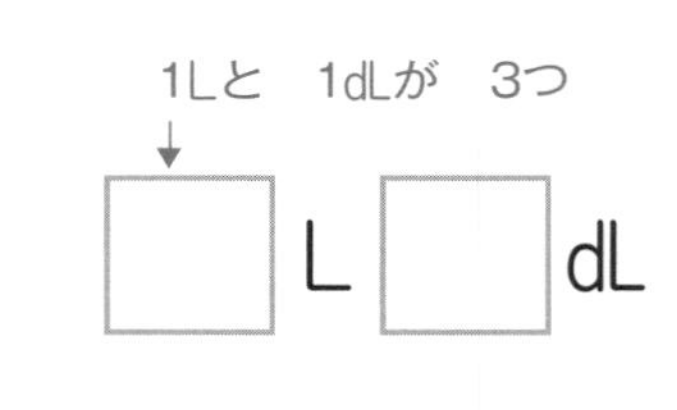

③

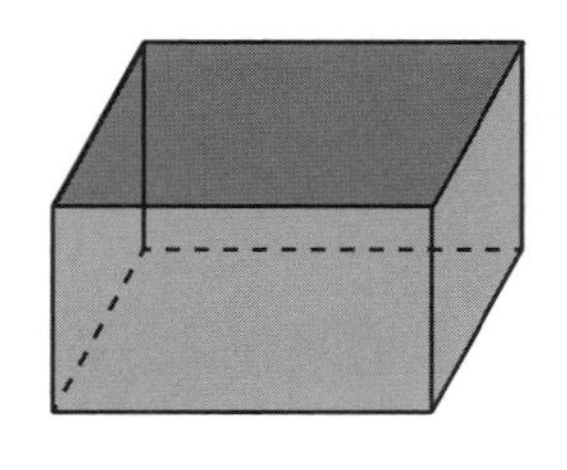

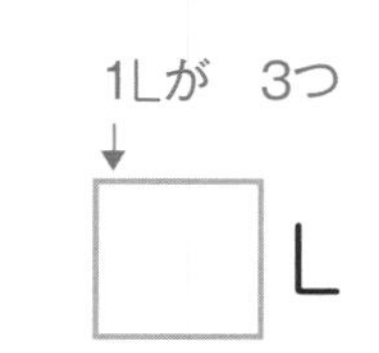

④

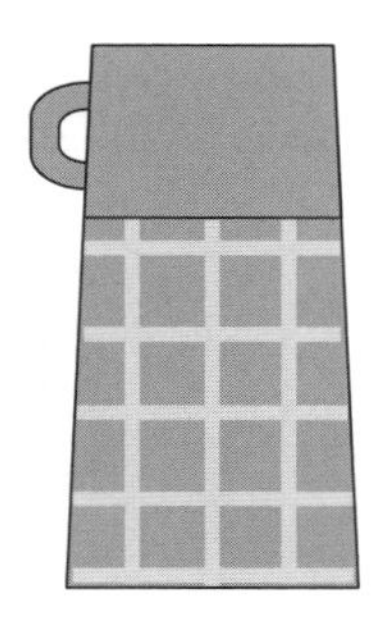

1Lが　2つと
1dLが　2つ
□L □dL

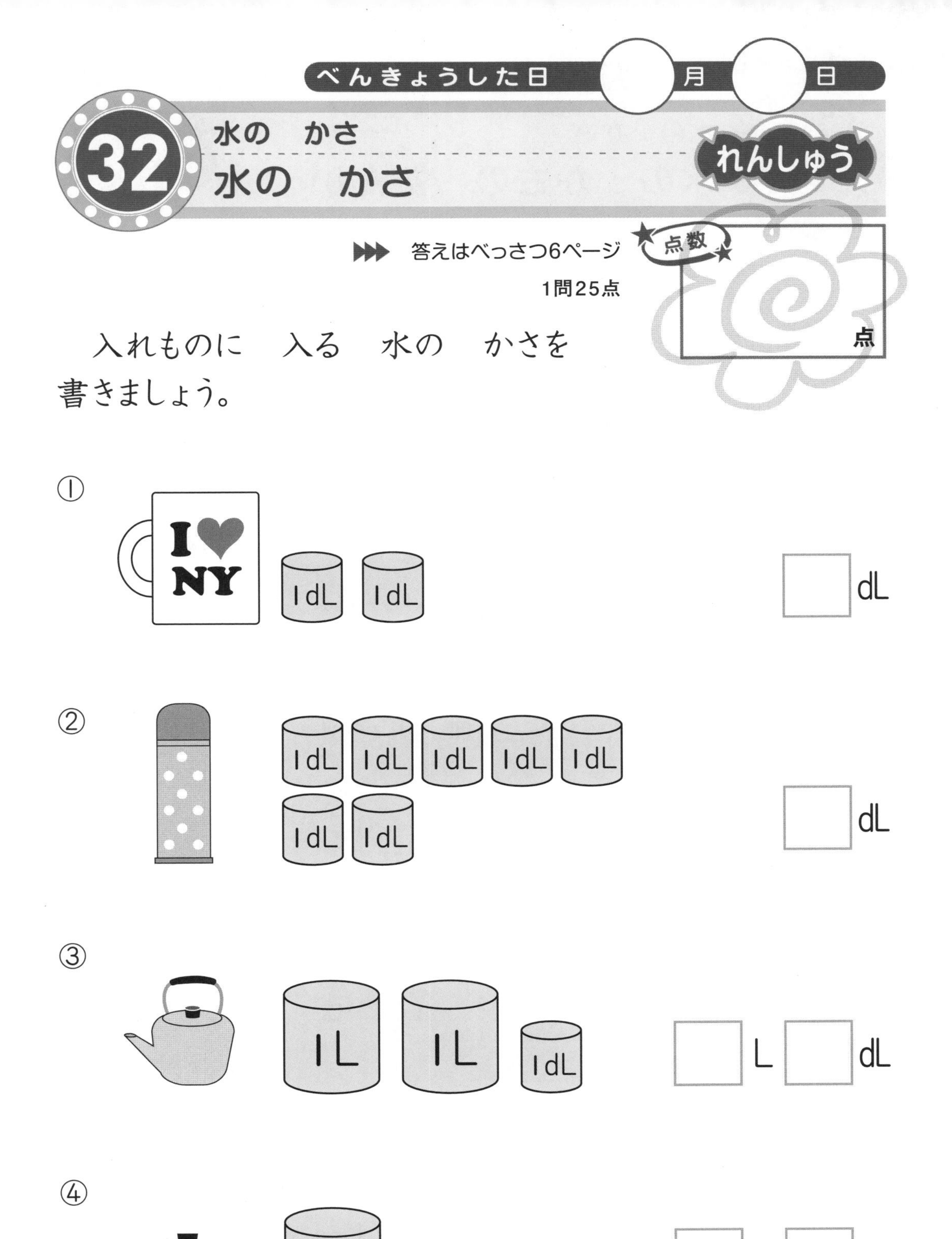

答えはべっさつ6ページ

1問25点

入れものに　入る　水の　かさを
書きましょう。

④

1L　1dL　1dL

□L □dL

べんきょうした日　　月　　日

水の　かさ

水の　かさの　たんい

▶▶▶ 答えはべっさつ7ページ

①～⑥：1問14点　⑦：16点

点

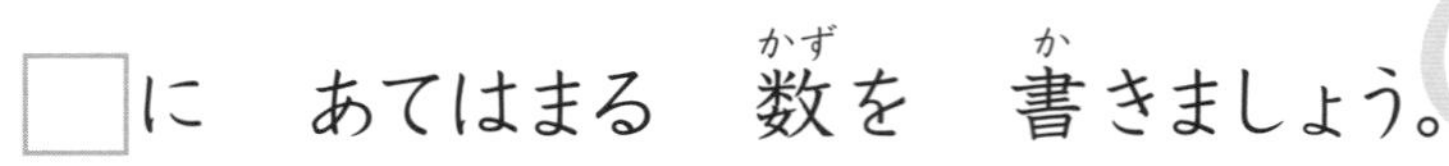

□に　あてはまる　数(かず)を　書(か)きましょう。

① 3 L＝□dL ←1L＝10dL

② 5 L 7 dL＝□dL ←5L＝50dL

③ 2 L 8 dL＝□mL ←2L＝2000mL 8dL＝800mL

④ 4 L 300 mL＝□mL ←4L＝4000mL

⑤ 751 dL＝□L□dL ←10dL＝1L

⑥ 285 mL＝□dL□mL ←100mL＝1dL

⑦ 3562 mL＝□L□dL□mL ←1000mL＝1L 100mL＝1dL

おぼえよう！

- 1 L＝□dL
- 1 L＝□mL
- 1 dL＝□mL

べんきょうした日　　月　　日

水の　かさ

34 水の　かさの　たんい

れんしゅう

答えはべっさつ7ページ

1問10点

点数　　点

□に　あてはまる　数を　書きましょう。

① 5 L＝□ dL

② 8 dL＝□ mL

③ 2 L＝□ mL

④ 4 L 9 dL＝□ dL

⑤ 1 L 6 dL＝□ mL

⑥ 7 L 200 mL＝□ mL

⑦ 328 dL＝□ L □ dL

⑧ 46 dL＝□ L □ dL

⑨ 543 mL＝□ dL □ mL

⑩ 4905 mL＝□ L □ dL □ mL

水の　かさ

水の　かさの　計算

答えはべっさつ7ページ

1問10点

点

計算(けいさん)を　しましょう。

① 3 L ＋ 2 L ＝ □ L ←1Lが　3+2（こ）

② 7 L － 4 L ＝ □ L ←1Lが　7−4（こ）

③ 2 dL ＋ 5 dL ＝ □ dL ←1dLが　2+5（こ）

④ 6 dL － 3 dL ＝ □ dL ←1dLが　6−3（こ）

⑤ 8 dL ＋ 7 L ＝ □ L □ dL ←dLと　Lとは　たせない。

⑥ 8 L 2 dL ＋ 4 L ＝ □ L □ dL ←Lどうしを　たす。

⑦ 3 dL ＋ 5 L 1 dL ＝ □ L □ dL ←dLどうしを　たす。

⑧ 9 L 5 dL － 3 dL ＝ □ L □ dL ←dLどうしを　ひく。

⑨ 2 L 3 dL ＋ 5 L 6 dL ＝ □ L □ dL ←Lどうし，dLどうしを　たす。

⑩ 4 L 7 dL － 3 L 2 dL ＝ □ L □ dL ←Lどうし，dLどうしを　ひく。

べんきょうした日　　月　　日

36 水の　かさ
水の　かさの　計算

れんしゅう

答えはべっさつ7ページ

1問10点

点

計算を　しましょう。

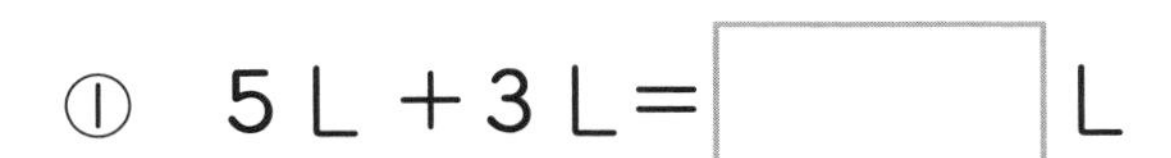

① 5 L ＋3 L＝□L

② 8 L －2 L＝□L

③ 4 dL ＋1 dL＝□dL

④ 7 dL －6 dL＝□dL

⑤ 6 dL ＋5 L＝□L□dL

⑥ 3 L ＋9 L 5 dL＝□L□dL

⑦ 7 dL ＋2 L 2 dL＝□L□dL

⑧ 9 L 4 dL －3 L＝□L□dL

⑨ 1 L 5 dL ＋6 L 2 dL＝□L□dL

⑩ 5 L 7 dL －1 L 4 dL＝□L□dL

三角形と　四角形
三角形

▶▶▶ 答えはべっさつ7ページ

1問25点

1　三角形は　どれですか。2つ　えらんで　きごうで　答えましょう。

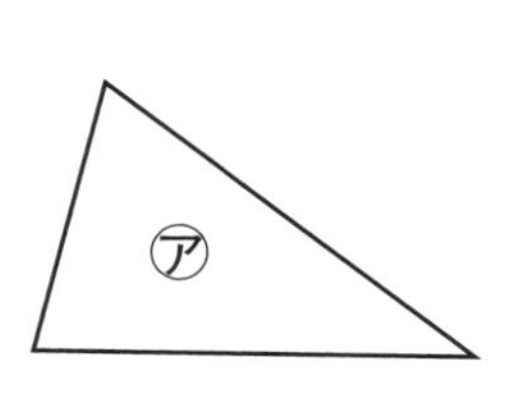

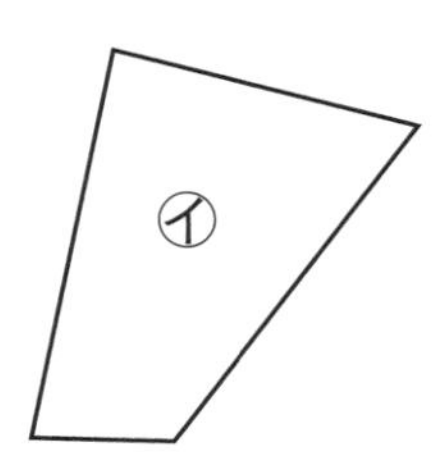

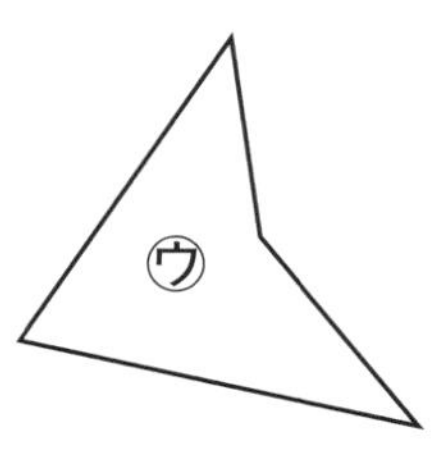

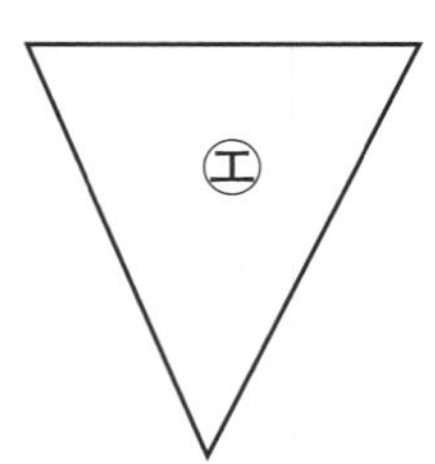

三角形は，3本の　直線で　かこまれた　形→  

2　三角形は　どれですか。2つ　えらんで　きごうで　答えましょう。

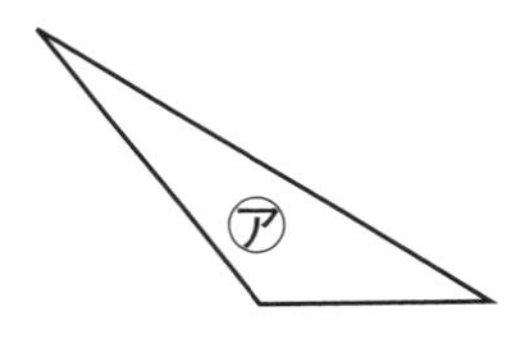

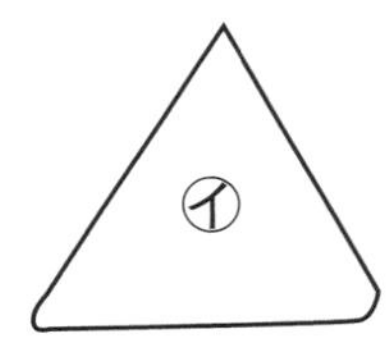

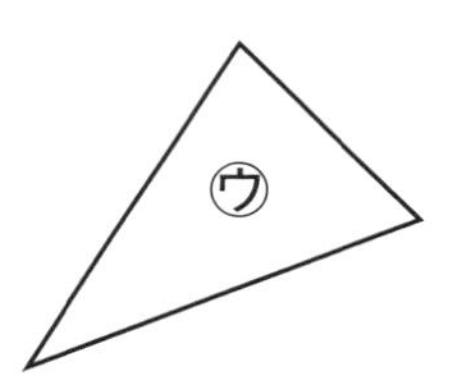

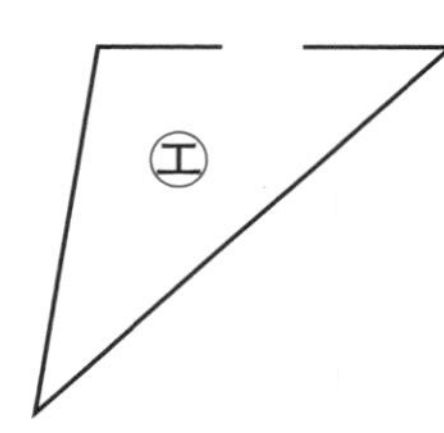

三角形は，3本の　直線で　かこまれた　形→ 

おぼえよう

- 3本の　直線で　かこまれた　形を  と　いいます。
- 三角形には　へんが　□つ，ちょう点が　□つ　あります。

三角形と　四角形

三角形

れんしゅう

▶▶▶ 答えはべっさつ7ページ

1問25点

点

1　三角形は　どれですか。2つ　えらんで　きごうで　答えましょう。

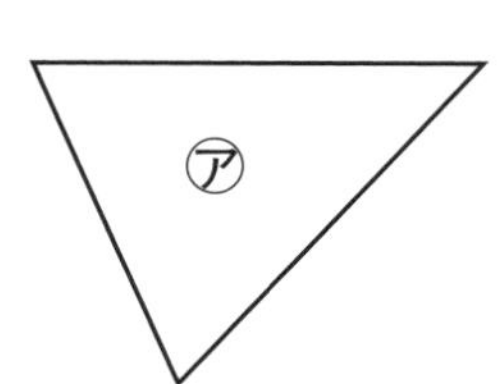

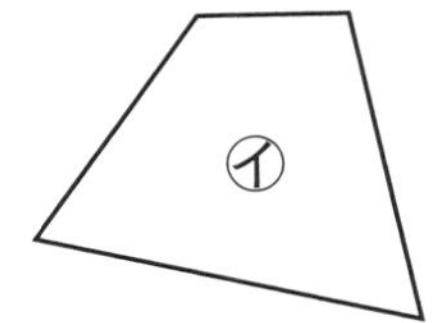

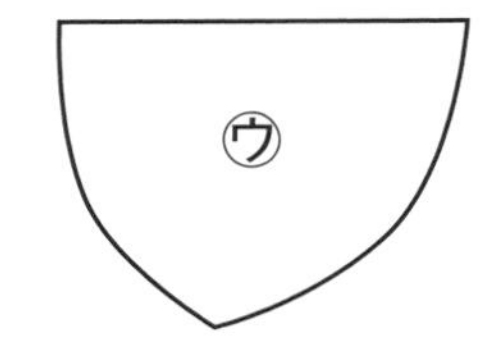

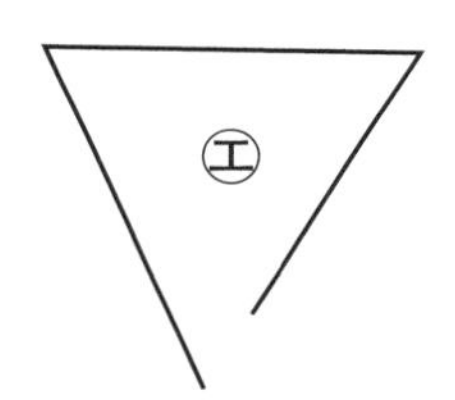

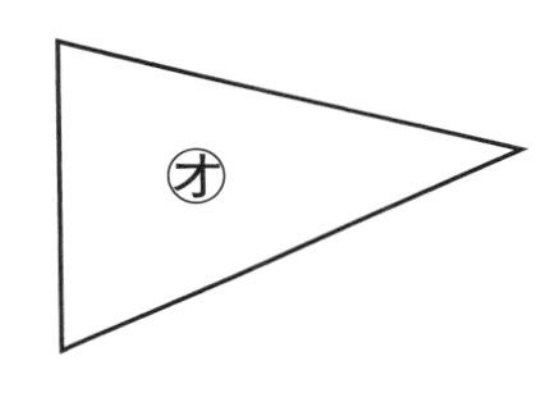

2　三角形は　どれですか。2つ　えらんで　きごうで　答えましょう。

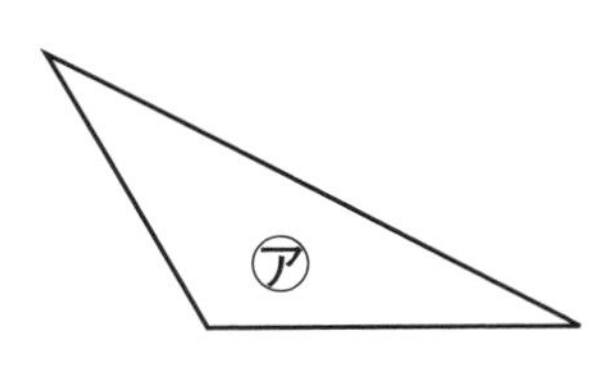

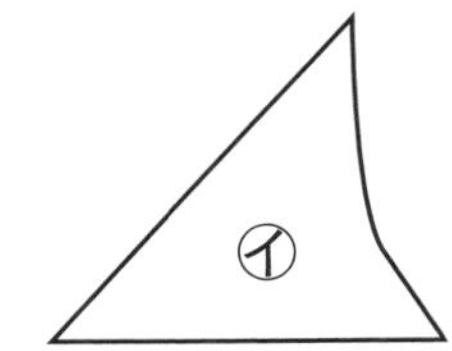

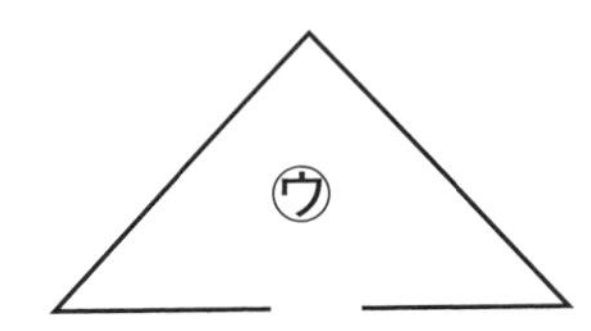

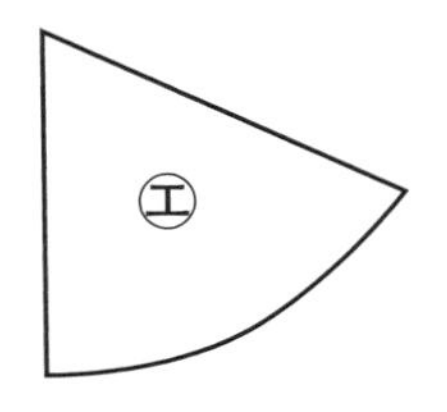

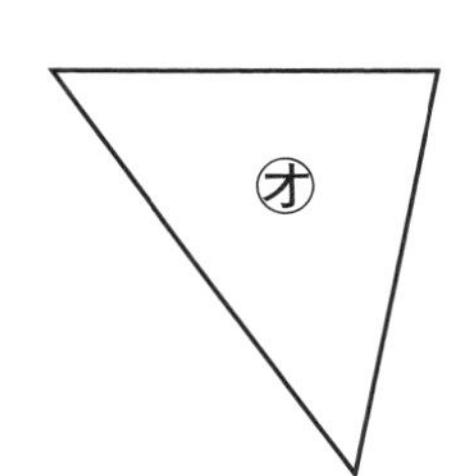

39 三角形と　四角形
四角形

りかい

答えはべっさつ8ページ

点数　点

1問25点

1 四角形は　どれですか。2つ　えらんで　きごうで　答えましょう。

㋐　㋑　㋒　㋓

四角形は，4本の　直線で　かこまれた　形→

2 四角形は　どれですか。2つ　えらんで　きごうで　答えましょう。

㋐　㋑　㋒　㋓

四角形は，4本の　直線で　かこまれた　形→

おぼえよう

- 4本の　直線で　かこまれた　形を　　　と　いいます。
- 四角形には　へんが　　つ，ちょう点が　　つ　あります。

べんきょうした日　　月　　日

40 三角形と　四角形
四角形

れんしゅう

▶▶▶ 答えはべっさつ8ページ

1問25点

点

1 四角形は　どれですか。2つ　えらんで　きごうで　答えましょう。

㋐

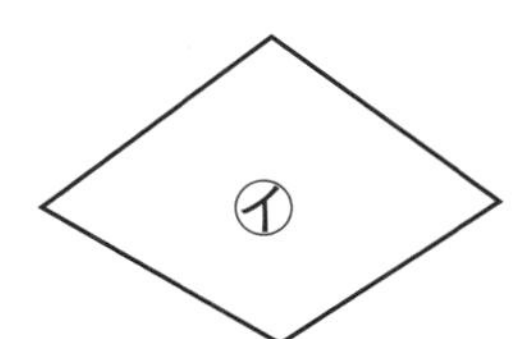

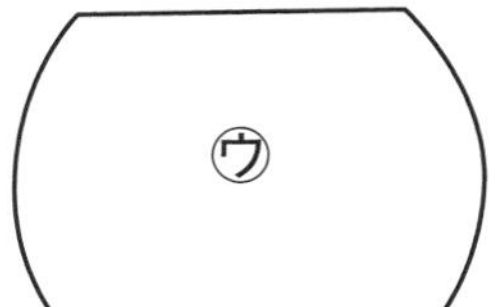

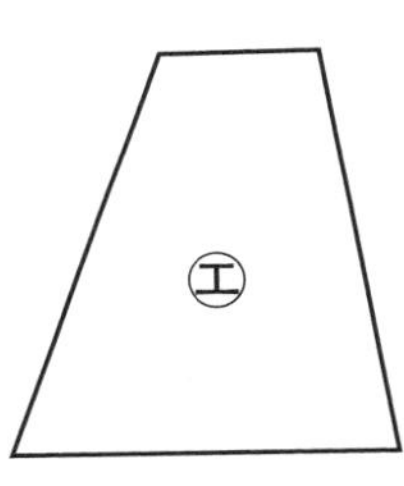

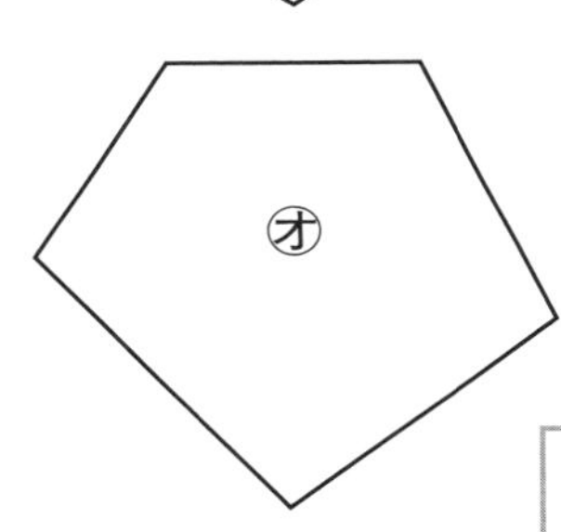

2 四角形は　どれですか。2つ　えらんで　きごうで　答えましょう。

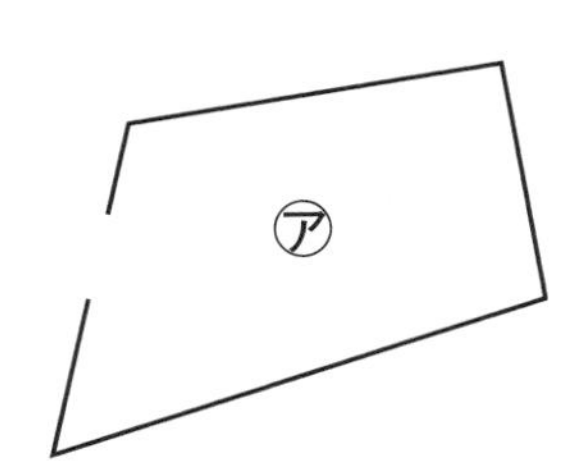

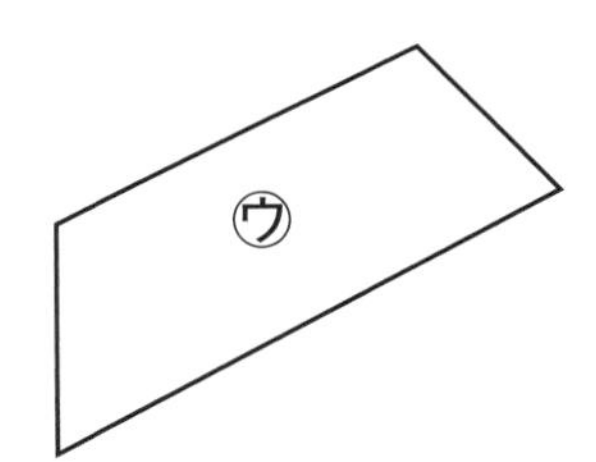

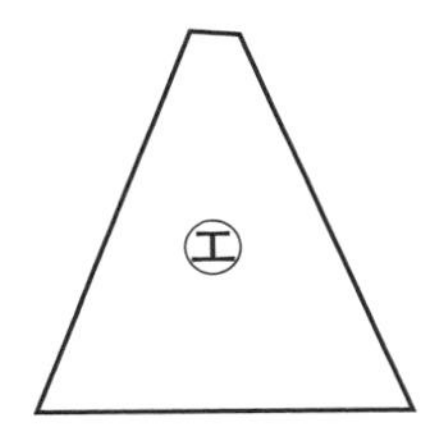

べんきょうした日　　月　　日

三角形と　四角形

長方形　①

りかい

答えはべっさつ8ページ

1問25点

点数　　点

1　長方形は　どれですか。2つ　えらんで　きごうで　答えましょう。

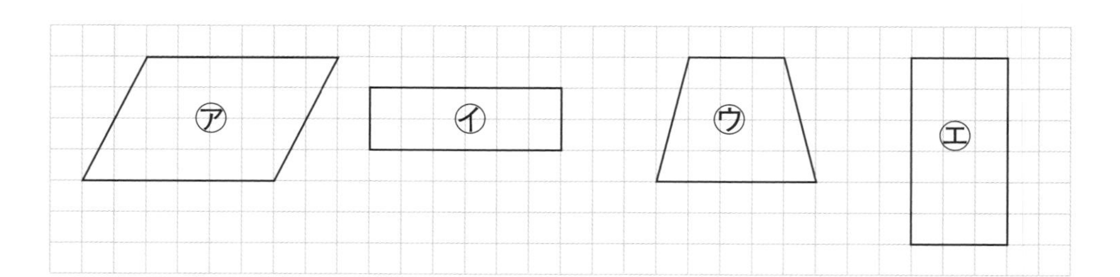

4つの　かどが　みんな　直角の　四角形→

2　長方形は　どれですか。2つ　えらんで　きごうで　答えましょう。

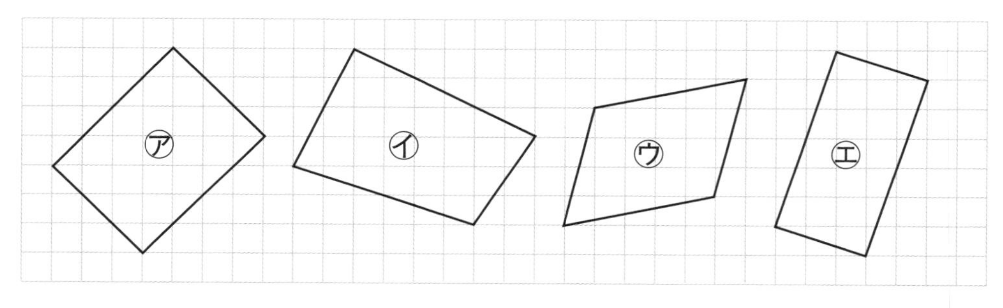

4つの　かどが　みんな　直角の　四角形→

おぼえよう

● 長方形の　　　へんの　長さは　同じです。

べんきょうした日　　月　　日

42 三角形と　四角形
長方形　①

れんしゅう

▶▶▶ 答えはべっさつ8ページ

点数

1問25点

点

1　長方形は　どれですか。2つ　えらんで　きごうで　答えましょう。

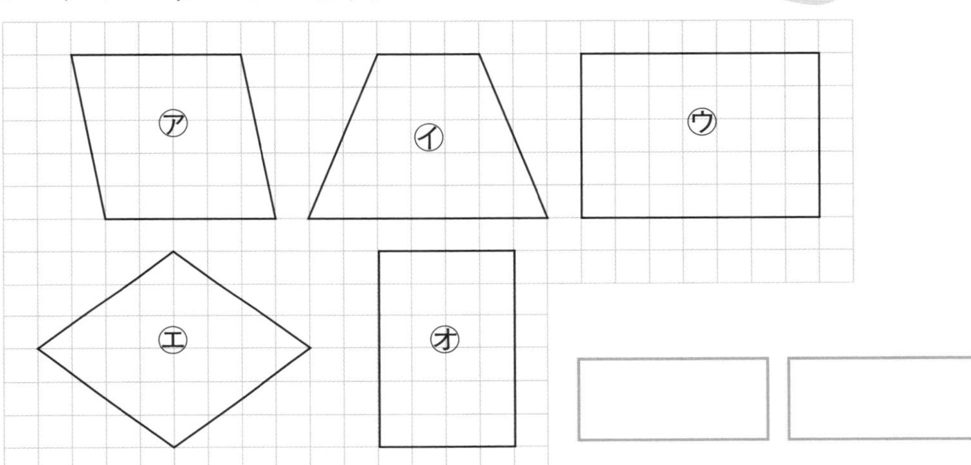

2　長方形は　どれですか。2つ　えらんで　きごうで　答えましょう。

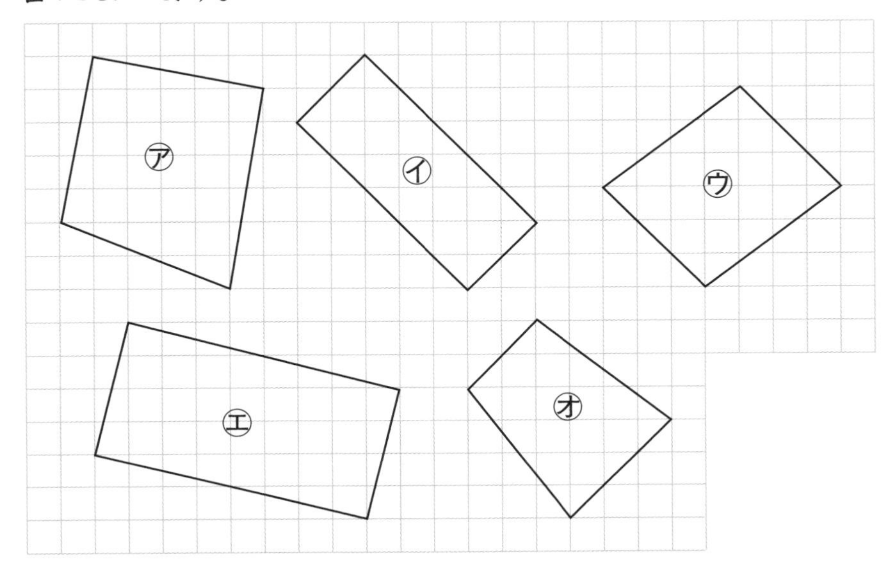

三角形と　四角形
長方形　②

答えはべっさつ8ページ

1問25点

点

つぎの　長方形(ちょうほうけい)を　方(ほう)がん紙(し)に かきましょう。

① たて 3cm，　よこ 5cmの　長方形

② たて 6cm，　よこ 3cmの　長方形

③ たて 4cm，　よこ 2cmの　長方形

④ たて 2cm，　よこ 6cmの　長方形

ますめに　そって　へんを かく。
長方形は，4つの　かどは みんな　直角(ちょっかく)，
むかい合(あ)って　いる へんの　長(なが)さは　同(おな)じ。

1cm

1cm

三角形と　四角形

長方形　②

れんしゅう

答えはべっさつ9ページ

点数

1問25点

点

つぎの　長方形を　方がん紙に
かきましょう。

① たて 2cm，　よこ 4cmの　長方形

② たて 5cm，　よこ 3cmの　長方形

③ たて 4cm，　よこ 6cmの　長方形

④ たて 3cm，　よこ 1cmの　長方形

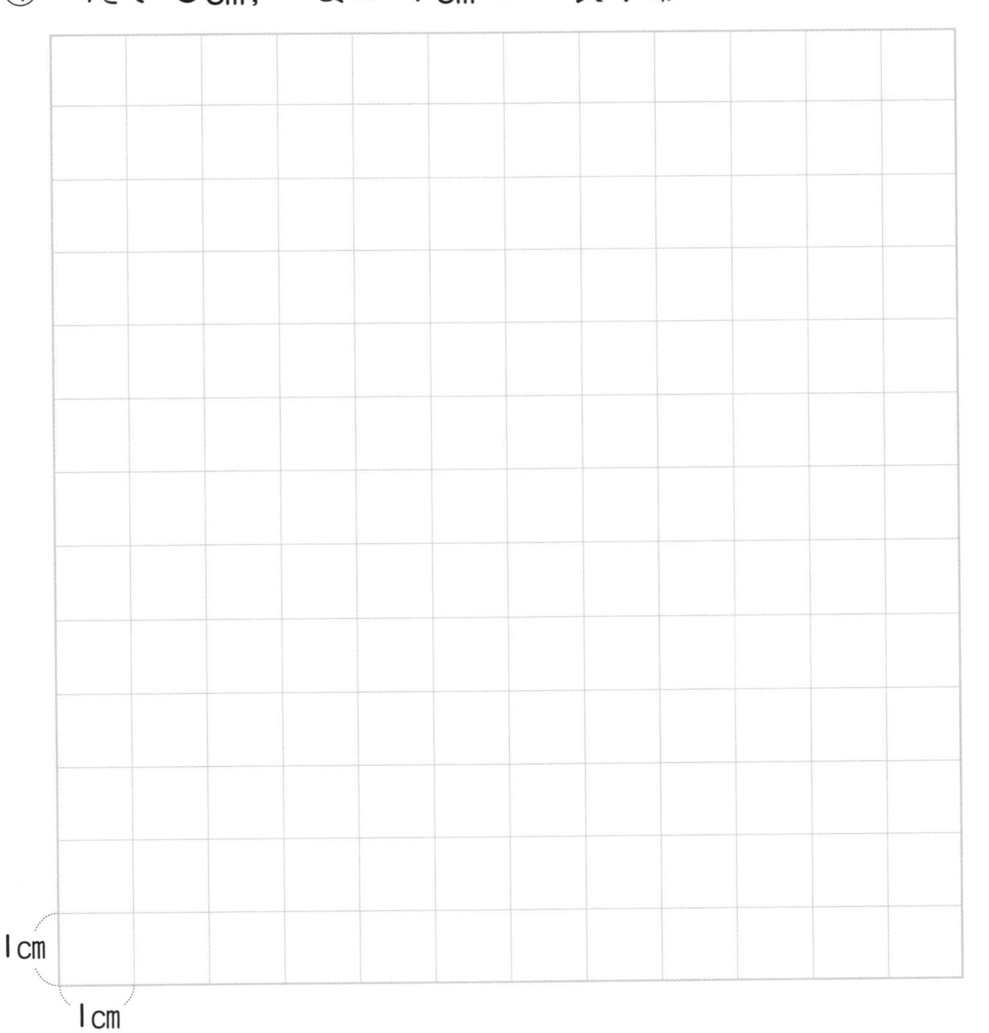

三角形と　四角形
正方形　①

答えはべっさつ9ページ

1問25点

点

1　正方形(せいほうけい)は　どれですか。2つ　えらんで　きごうで　答(こた)えましょう。

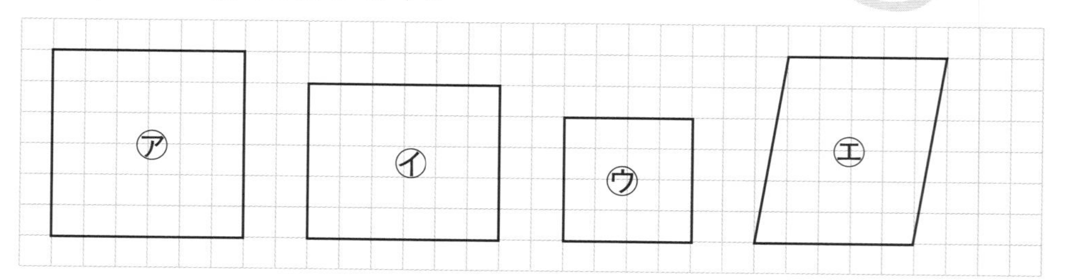

4つの　へんの　長(なが)さが　みんな　同(おな)じで，4つの　かどが　みんな　直角(ちょっかく)の　四角形(しかくけい) →

2　正方形は　どれですか。2つ　えらんで　きごうで　答えましょう。

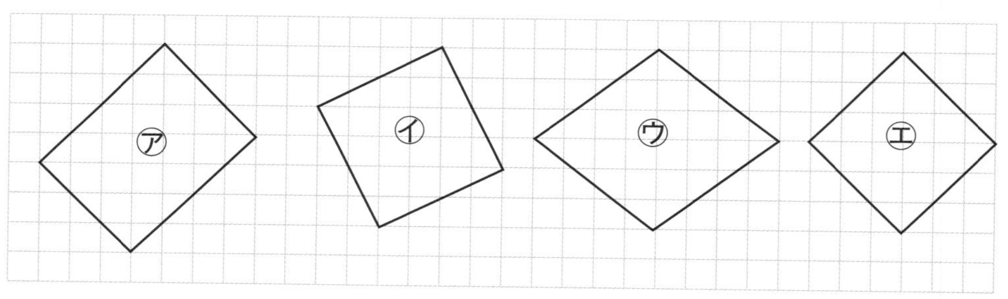

4つの　へんの　長さが　みんな　同じで，4つの　かどが　みんな　直角の　四角形 →

おぼえよう

● 4つの　かどが　みんな　直角(ちょっかく)で，4つの　へんの　長(なが)さが　みんな　同(おな)じに　なって　いる　四角形(しかくけい)を　［　　　］と　いいます。

46 三角形と　四角形
正方形　①

れんしゅう

▶▶▶ 答えはべっさつ9ページ

1問25点

点

1　正方形は　どれですか。2つ　えらんで
きごうで　答えましょう。

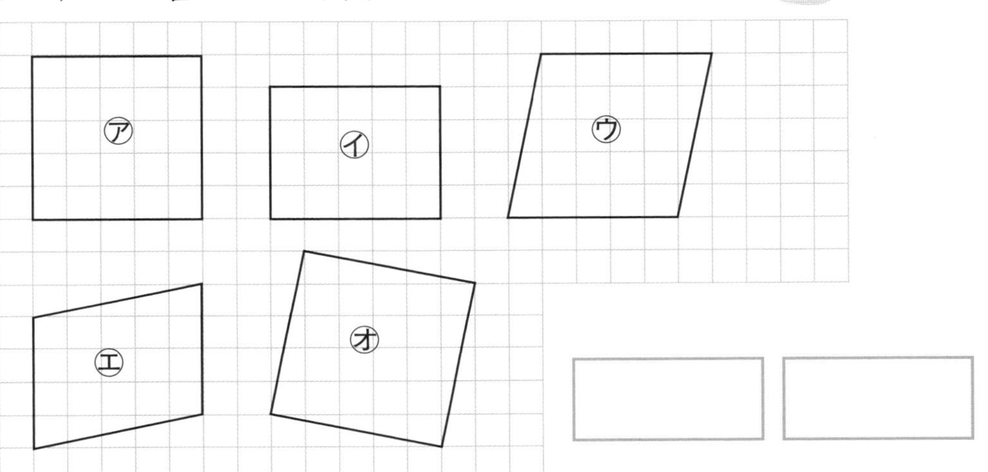

2　正方形は　どれですか。2つ　えらんで　きごうで
答えましょう。

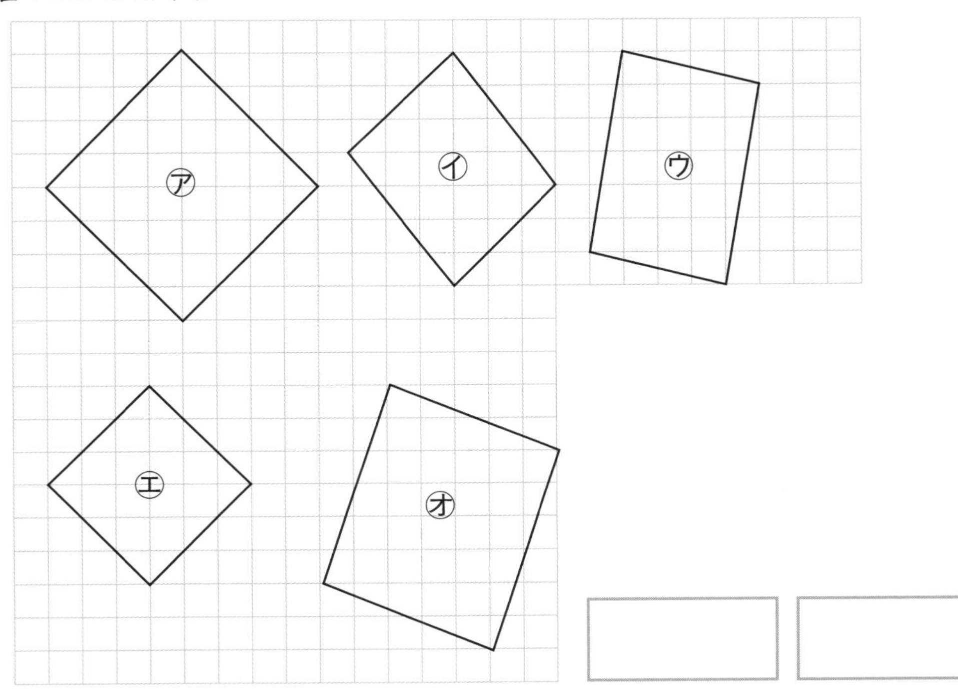

47 三角形と　四角形
正方形　②

▶▶▶ 答えはべっさつ9ページ

①，②：1問30点　③：40点

点

つぎの　正方形(せいほうけい)を　方(ほう)がん紙(し)に
かきましょう。

① 1つの　へんの　長(なが)さが　2cmの　正方形
② 1つの　へんの　長さが　4cmの　正方形
③ 1つの　へんの　長さが　6cmの　正方形

ますめに　そって　4つの　へんを　同(おな)じ　長さで　かく。

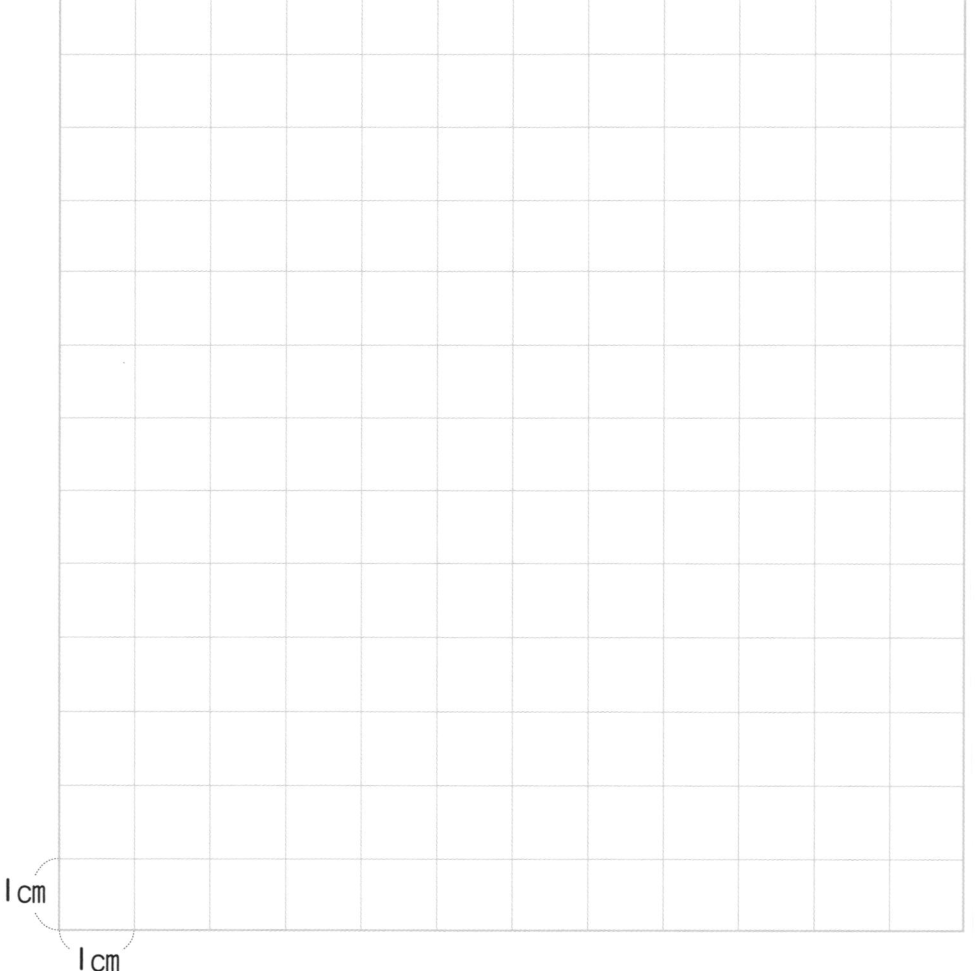

べんきょうした日　　月　　日

48 三角形と　四角形
正方形　②

れんしゅう

答えはべっさつ9ページ

①，②：1問30点　③：40点

点数　　点

つぎの　正方形を　方がん紙に
かきましょう。

① 1つの　へんの　長さが　1cmの　正方形

② 1つの　へんの　長さが　3cmの　正方形

③ 1つの　へんの　長さが　5cmの　正方形

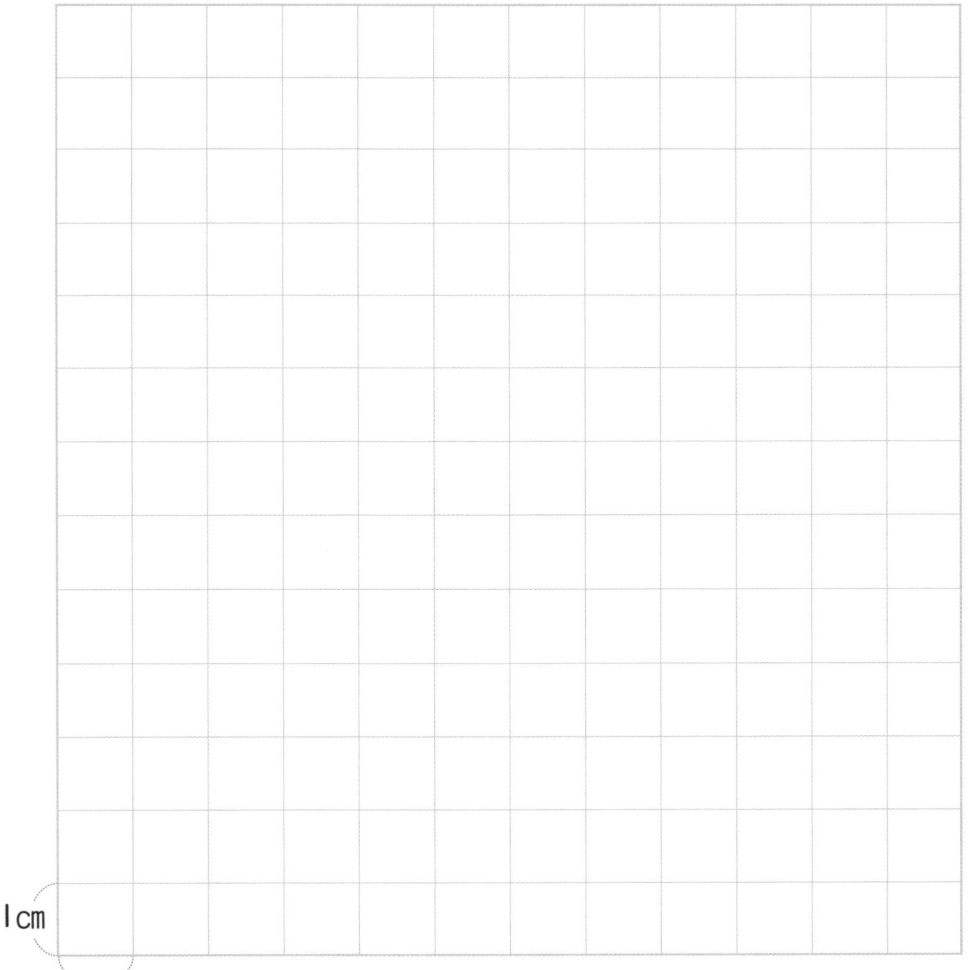

べんきょうした日　月　日

三角形と　四角形

直角三角形　①

りかい

▶▶▶ 答えはべっさつ10ページ

1問25点

点

1　直角三角形（ちょっかくさんかくけい）は　どれですか。2つ　えらんで　きごうで　答（こた）えましょう。

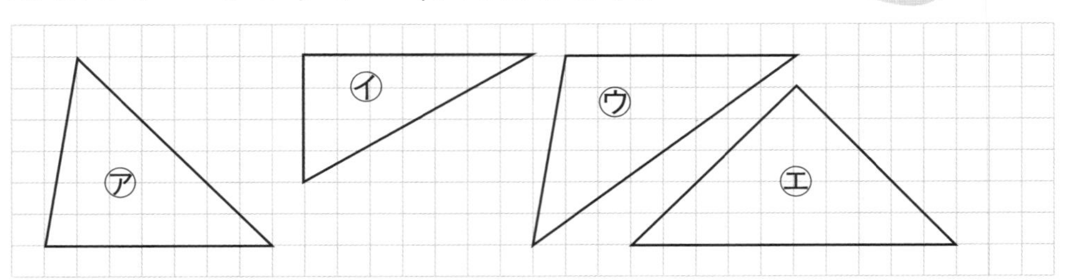

直角の　かどが　ある　三角形→

2　直角三角形は　どれですか。2つ　えらんで　きごうで　答えましょう。

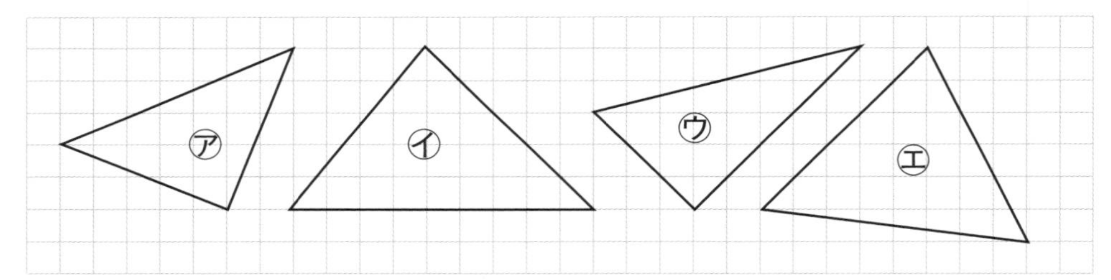

直角の　かどが　ある　三角形→

おぼえよう

- 直角の　かどが　ある　三角形を　□　と　いいます。

べんきょうした日　　月　　日

50 三角形と　四角形
直角三角形　①

れんしゅう

▶▶▶ 答えはべっさつ10ページ

点数

1問25点

点

1　直角三角形は　どれですか。2つ　えらんで　きごうで　答えましょう。

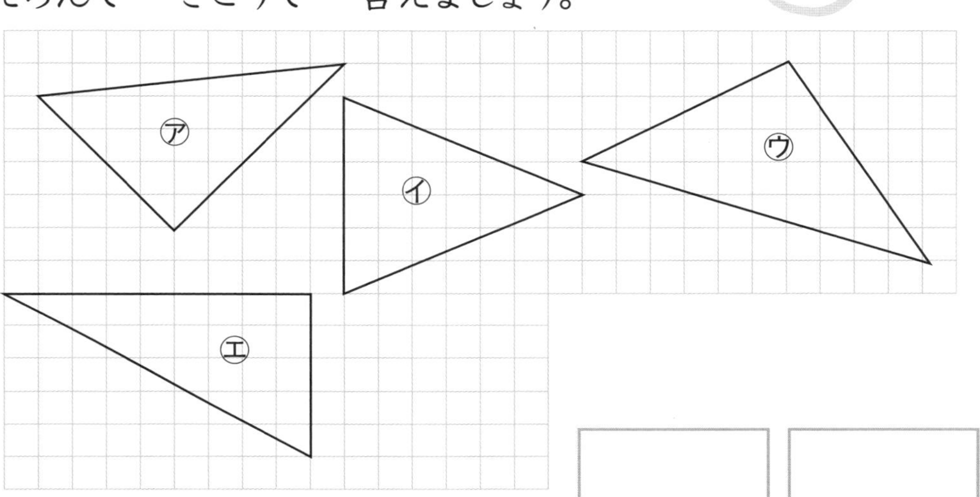

2　直角三角形は　どれですか。2つ　えらんで　きごうで　答えましょう。

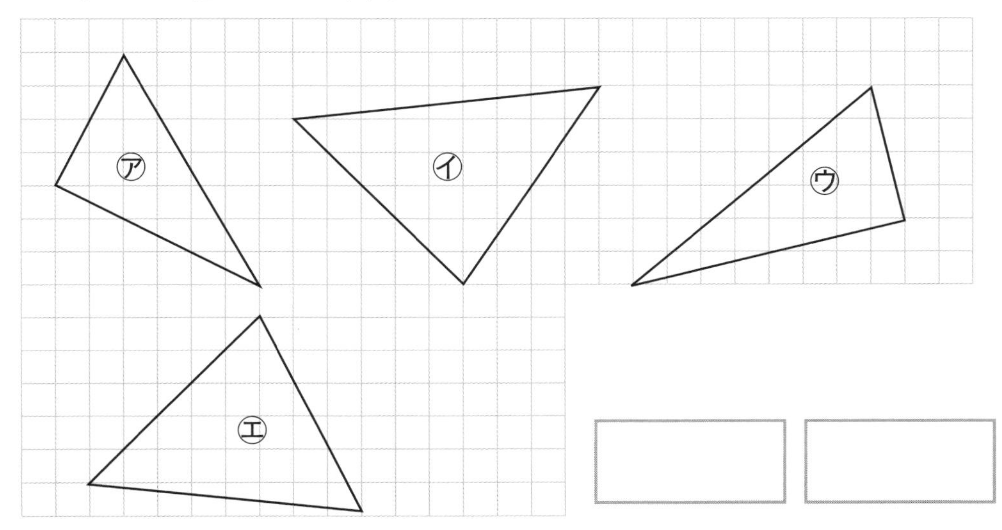

三角形と　四角形

直角三角形　②

答えはべっさつ10ページ

1問25点

直角(ちょっかく)になる　2つの　へんの　長(なが)さが　つぎのような　直角三角形(さんかくけい)を　かきましょう。

① 3cmと　5cm　② 4cmと　6cm
③ 2cmと　7cm　④ 3cmと　3cm

長さが　きまって　いる　2つの　へんを　ますめに　そって　かきます。

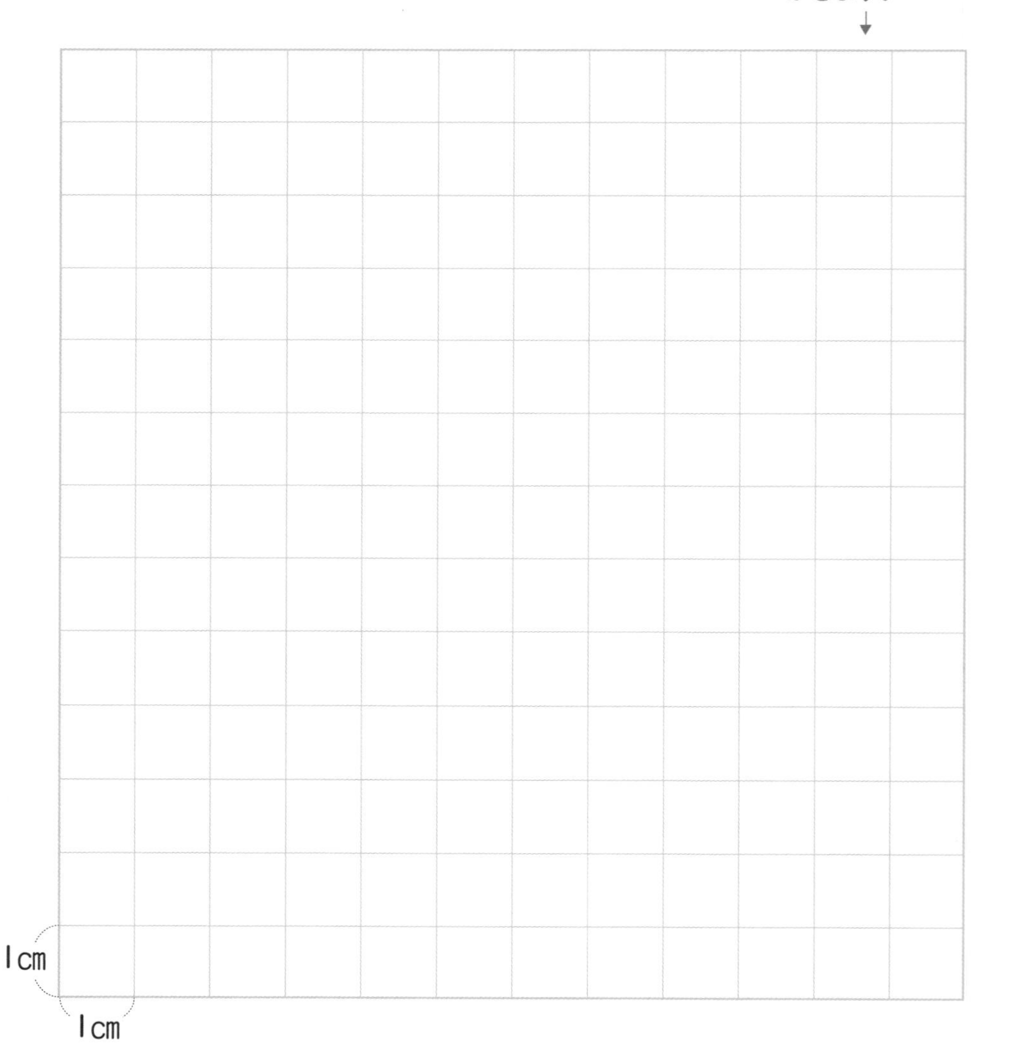

べんきょうした日  月 日

三角形と　四角形

直角三角形　②

れんしゅう

▶▶▶ 答えはべっさつ10ページ

点数

1問25点

点

直角になる　2つの　へんの　長さが
つぎのような　直角三角形を　かきましょう。

① 2cmと　4cm　　② 6cmと　3cm

③ 5cmと　5cm　　④ 3cmと　4cm

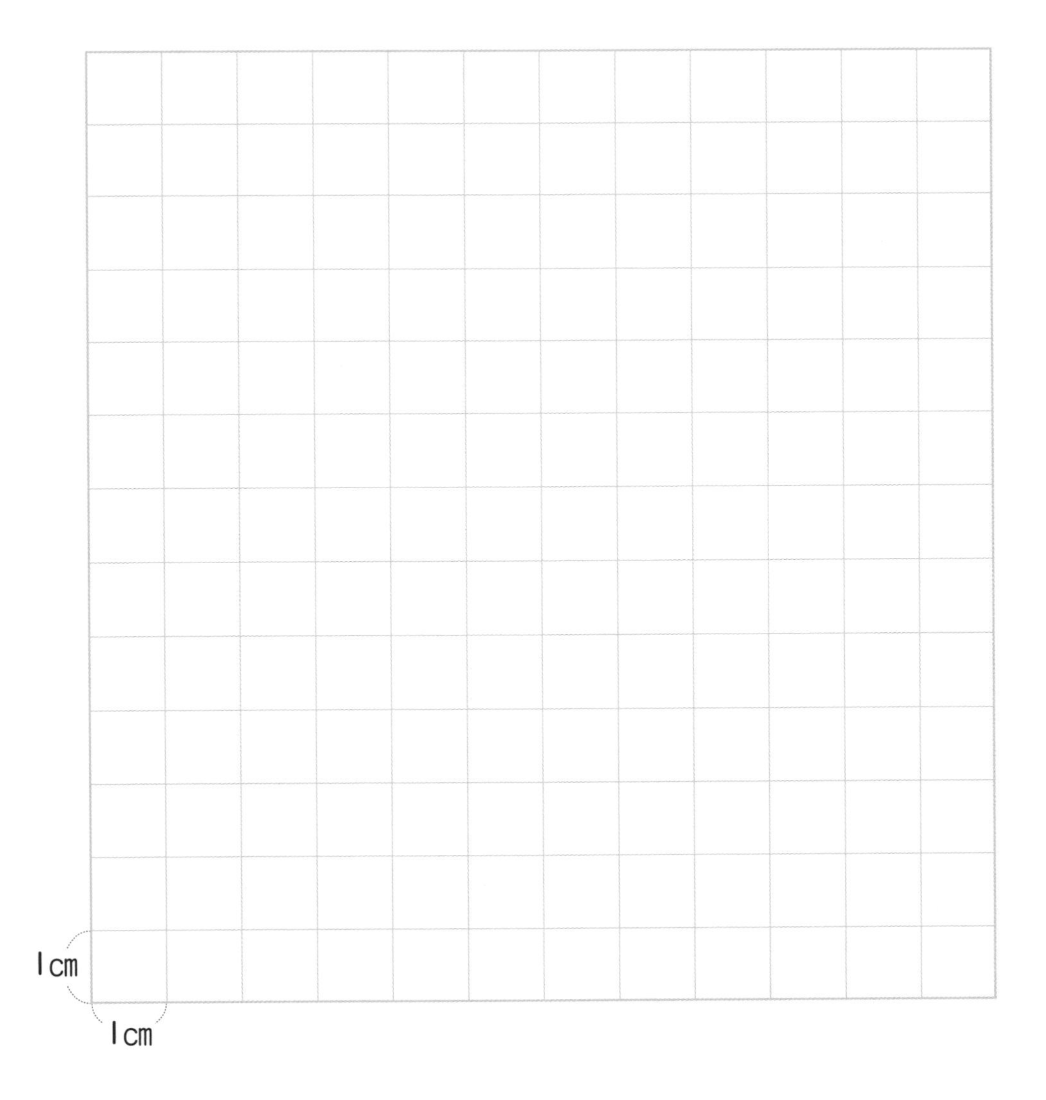

べんきょうした日　　月　　日

53

三角形と　四角形の　まとめ

何が　かくれて　いるかな

▶▶▶答えはべっさつ10ページ

何(なに)が かくれて いますか。
三角形(さんかくけい)と 四角形(しかくけい)に 色(いろ)を ぬって みましょう。

出て きた ものは
何かな？

答え

分数
分数

りかい

▶▶▶ 答えはべっさつ11ページ

点数

1問20点

点

1 つぎの　図(ず)は　紙(かみ)を　同(おな)じ　大きさに　分(わ)けた　ものです。色(いろ)を　ぬった　ところは　もとの　大きさの　何分(なんぶん)の一ですか。

①

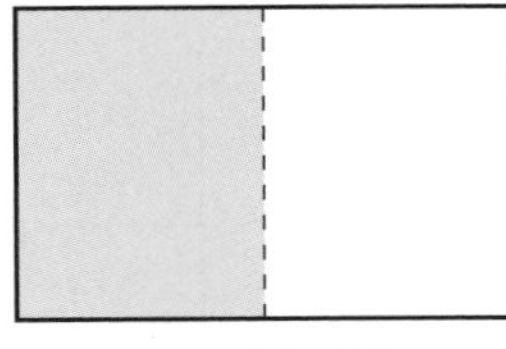

←2つに分けた1つ分。

②

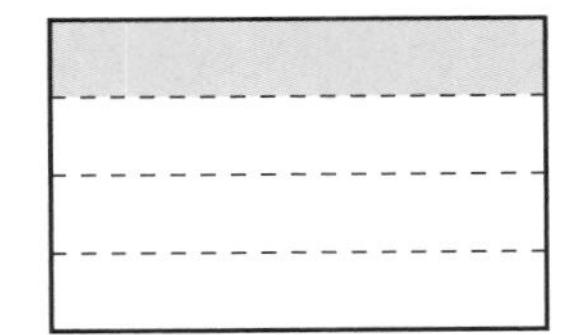

←4つに分けた1つ分。

③

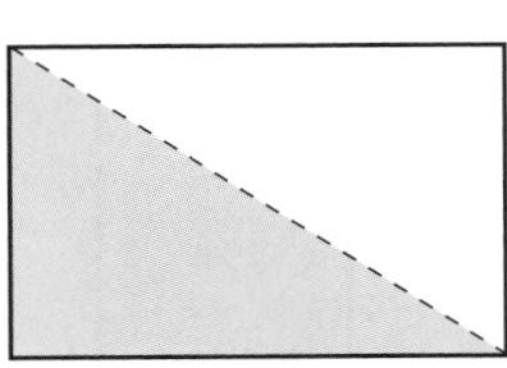

2つに分けた1つ分。

2 つぎの　大きさに　色を　ぬりましょう。

① $\frac{1}{4}$

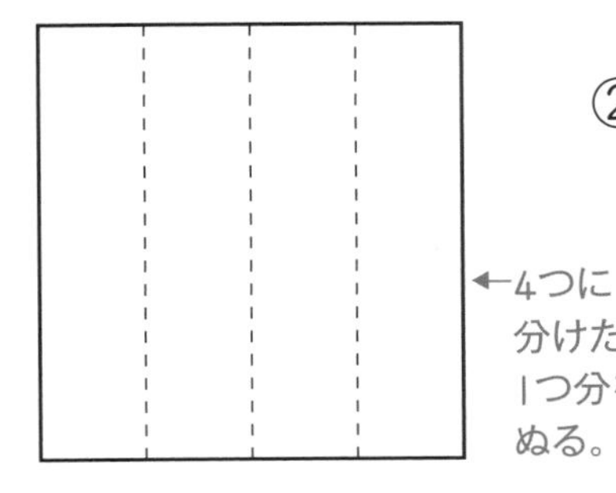

←4つに分けた1つ分をぬる。

② $\frac{1}{2}$

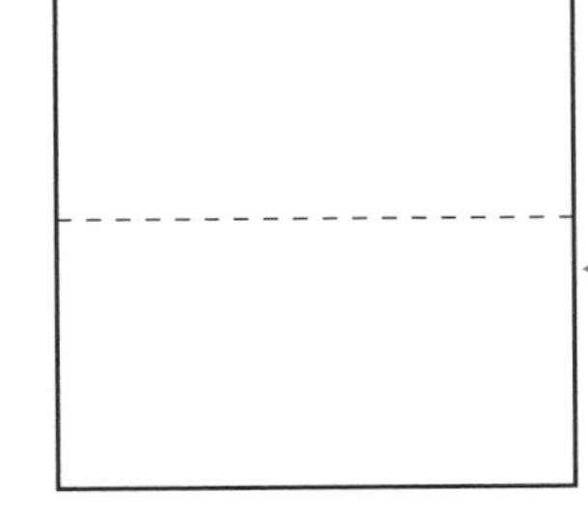

←2つに分けた1つ分をぬる。

55 分数

分数

れんしゅう

▶▶▶ 答えはべっさつ11ページ　　点数　　　点

1問10点

1 つぎの　図(ず)は　紙(かみ)を　同(おな)じ　大きさに　分(わ)けた　ものです。色(いろ)を　ぬった　ところは　もとの　大きさの　何分(なんぶん)の一ですか。

① 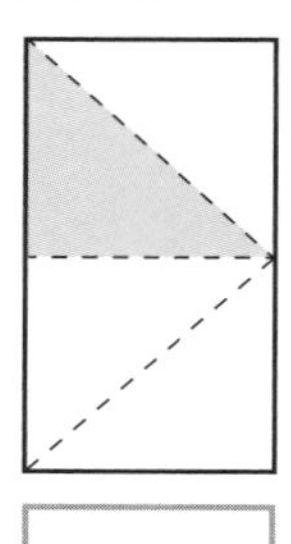　② 　③ 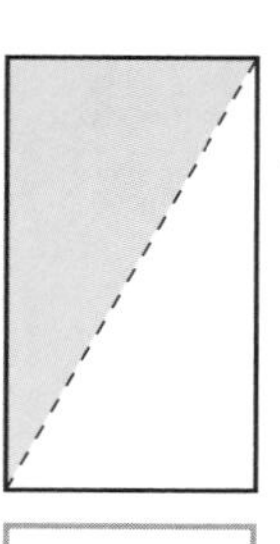　④ 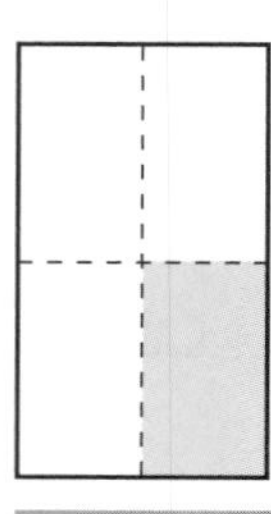

2 もとの　大きさの　$\frac{1}{2}$に　色を　ぬりましょう。

① 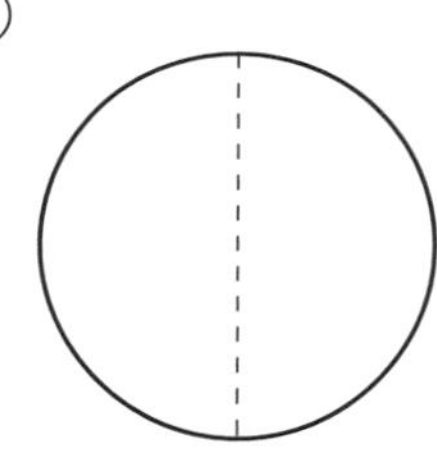　② 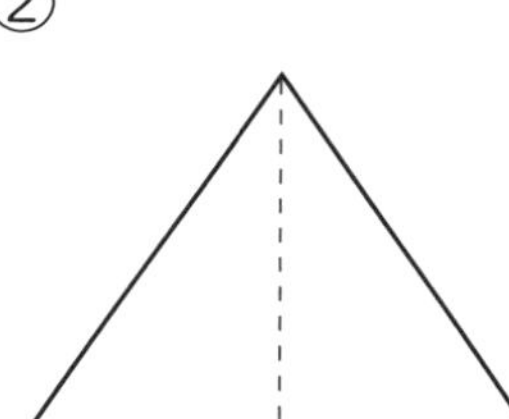　③ 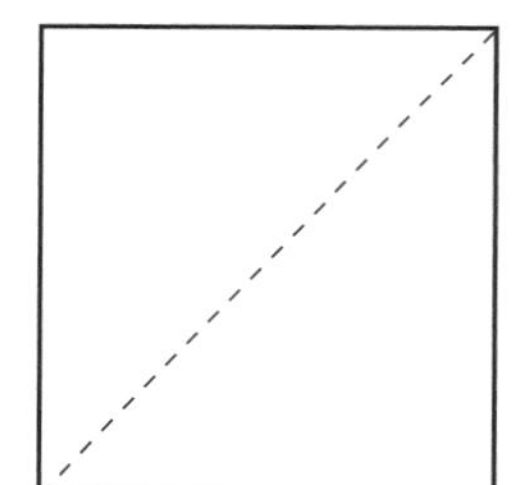

3 もとの　大きさの　$\frac{1}{4}$に　色を　ぬりましょう。

① 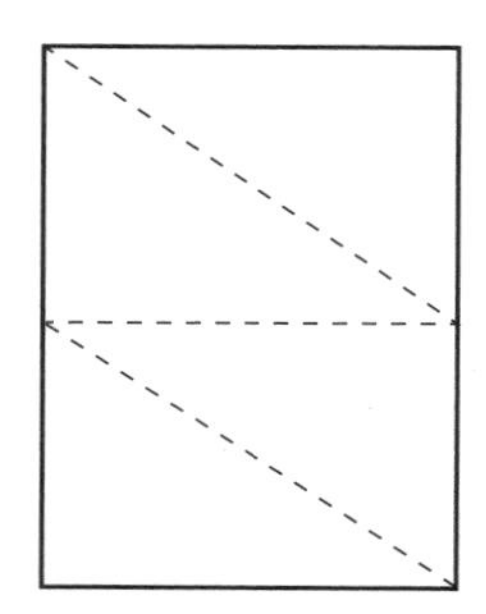　② 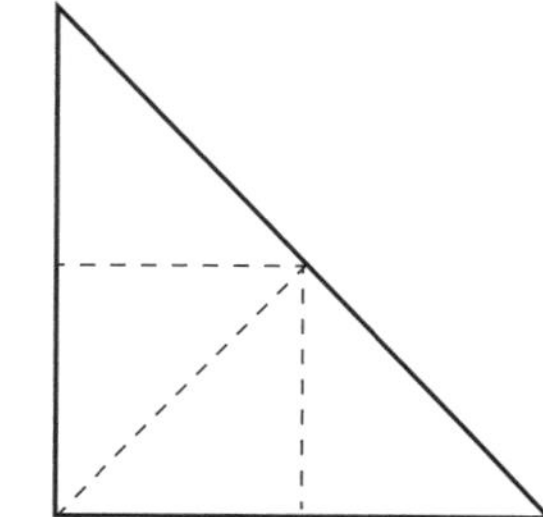　③ 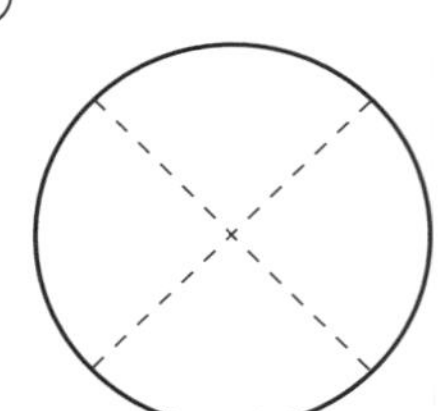

べんきょうした日　　月　　日

56 10000までの　数
1000より 大きい 数 ①

りかい

▶▶▶ 答えはべっさつ11ページ

点数　　点

1問25点

はがきは　何(なん)まい　ありますか。数字(すうじ)で書(か)きましょう。

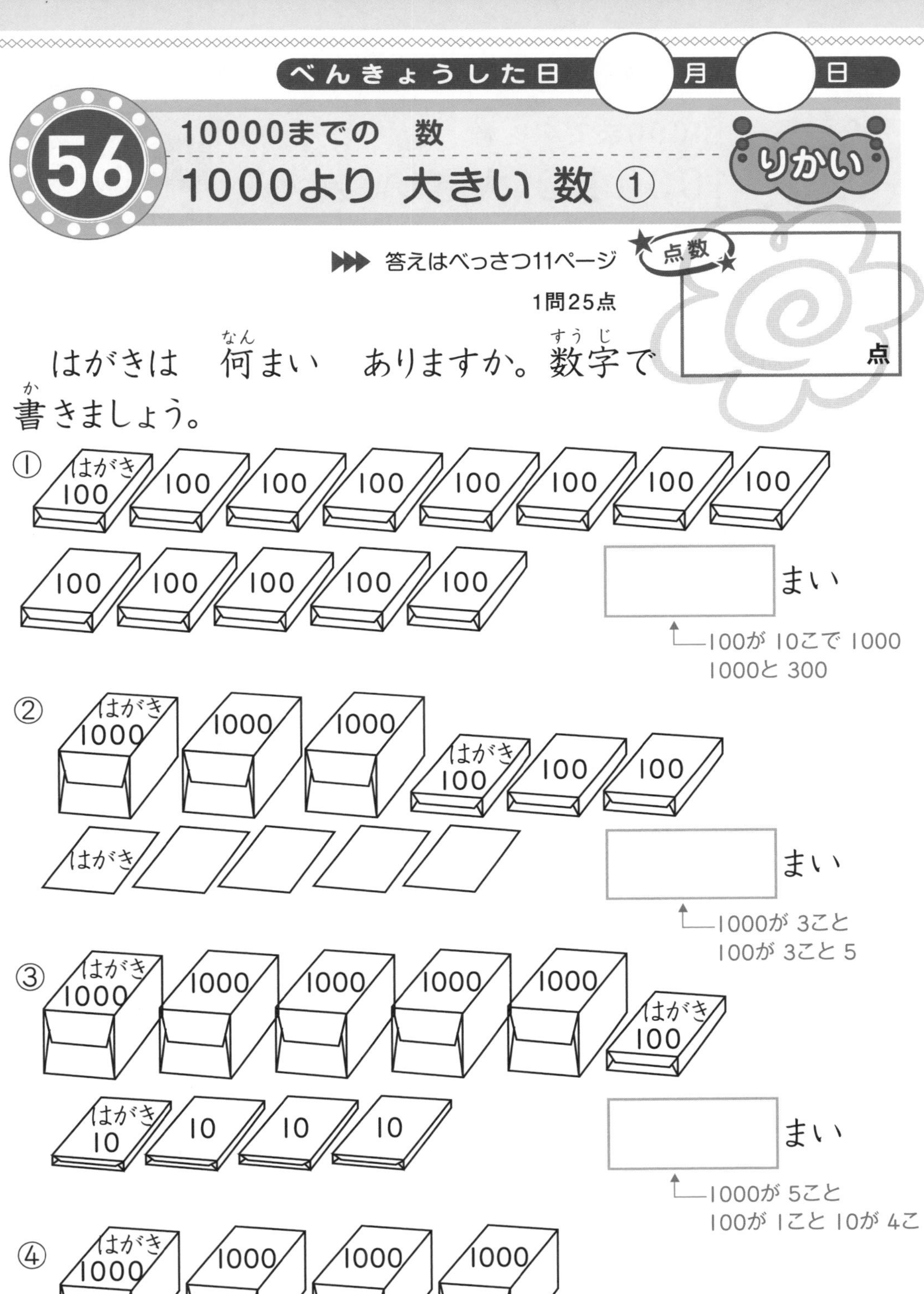

べんきょうした日　　月　　日

57 10000までの 数
1000より 大きい 数 ①

れんしゅう

答えはべっさつ11ページ

1問20点

点数　　点

いくつですか。数字(すうじ)で 書(か)きましょう。

① 100 100 100 100 100 100 100 100
100 100 100 100 100 100 100

② 1000 1000 1000 1000 1000 1000 1000
100 100 100 100 100

③ 1000 1000 1000 1000 1000 100 100
1 1 1 1 1 1

④ 1000 1000 1000 100 100 100 100 100
10 10

⑤ 1000 1000 10 1 1 1 1

べんきょうした日　　月　　日

10000までの　数
1000より 大きい 数 ②

▶▶▶ 答えはべっさつ11ページ

点数　　点

1問10点

1 つぎの　数の　読み方を　書きましょう。

① 5000 ←千が 5こ

② 3700 ←千が 3こと 百が 7こ

③ 8053 ←千が 8こと 十が 5こと 3

④ 10000 ←千が 10こ

⑤ 4865 ←千が 4こと 百が 8こと 十が 6こと 5

2 つぎの　数を　数字で　書きましょう。

① 七千五百 ←1000が 7こと 100が 5こ

② 九千八 ←1000が 9こと 1が 8こ

③ 四千三十九 ←1000が 4こ, 10が 3こ, 1が 9こ

④ 五千二百六 ←1000が 5こ, 100が 2こ, 1が 6こ

⑤ 八千六百五十三 ←1000が 8こ, 100が 6こ, 10が 5こ, 1が 3こ

べんきょうした日　　月　　日

59 10000までの　数 1000より 大きい 数 ②

▶▶▶ 答えはべっさつ12ページ

点数

1問10点

点

1 つぎの　数（かず）の　読（よ）み方を　書（か）きましょう。

① 4750

② 2800

③ 3906

④ 6068

⑤ 8534

2 つぎの　数を　数字（すうじ）で　書きましょう。

① 四千

② 六千七百三十

③ 三千六十九

④ 八千五

⑤ 五千八十

60 10000までの　数
1000より 大きい 数 ③

▶▶▶ 答えはべっさつ12ページ

1：1問12点　2：1問16点

1　つぎの □に　あてはまる　数字を　書きましょう。

① 4862の　千のくらいの　数字は □ です。
（4000と 800と 60と 2）

② 5084の　百のくらいの　数字は □ です。
（5000と 80と 4）

③ 7648の　十のくらいの　数字は □ です。
（7000と 600と 40と 8）

2　つぎの　数を　答(こた)えましょう。

① 1000を　8こ，10を　6こ，1を　4こ　あわせた　数 □
←8000と 60と 4

② 千のくらいが　9，百のくらいが　6，十のくらいが　2，一のくらいが　3の　数 □
←9000と 600と 20 と 3

③ 100を　58こ　あつめた　数 □
←100が 50こで 5000

④ 10を　160こ　あつめた　数 □
←10が 100こ で 1000

べんきょうした日　　月　　日

61 10000までの　数
1000より 大きい 数 ③

れんしゅう

▶▶▶ 答えはべっさつ12ページ

1：1問10点　2：1問14点

1 つぎの □に　あてはまる　数字(すうじ)を　書(か)きましょう。

① 3758の　千のくらいの　数字は □ です。

② 4965の　百のくらいの　数字は □ です。

③ 9821の　十のくらいの　数字は □ です。

2 つぎの　数(かず)を　答(こた)えましょう。

① 1000を　5こ，100を　3こ，1を　2こ　あわせた　数 □

② 1000を　2こ，10を　8こ，1を　5こ　あわせた　数 □

③ 千のくらいが　4，百のくらいが　8，十のくらいが　5，一のくらいが　7の　数 □

④ 100を　45こ　あつめた　数 □

⑤ 10を　370こ　あつめた　数 □

べんきょうした日　　月　　日

62

10000までの　数
1000より 大きい 数 ④

りかい

▶▶▶ 答えはべっさつ12ページ

点数

1問10点

点

1 □に　あてはまる　数を　書きましょう。

① □ ←小さい 1めもりは,100を あらわす。3000より 3めもり 小さい。

② □ ←5000より 4めもり 大きい。

3000　4000　5000　6000

1めもりは 100を あらわす。3900より 1めもり 大きい。 ③ □

④ □ ←4200より 1めもり 小さい。

3800　3900　4200　4300

⑤ □ ←1めもりは 500を あらわす。

⑥ □ ←6500と 1めもり。

5000　6000　6500　7500　8000

⑦ □ ←1めもりは 10を あらわす。6800より 2めもり 小さい。

⑧ □ ←7000より 2めもり 大きい。

6800　6900　7000　7100

2 下の　数の線(せん)で，2860を　あらわす　めもりに↓と　ⓐを　書きましょう。3080を　あらわす　めもりに↓と　ⓘを　書きましょう。

1めもりは 10を あらわす。

2700　2800　2900　3000　3100

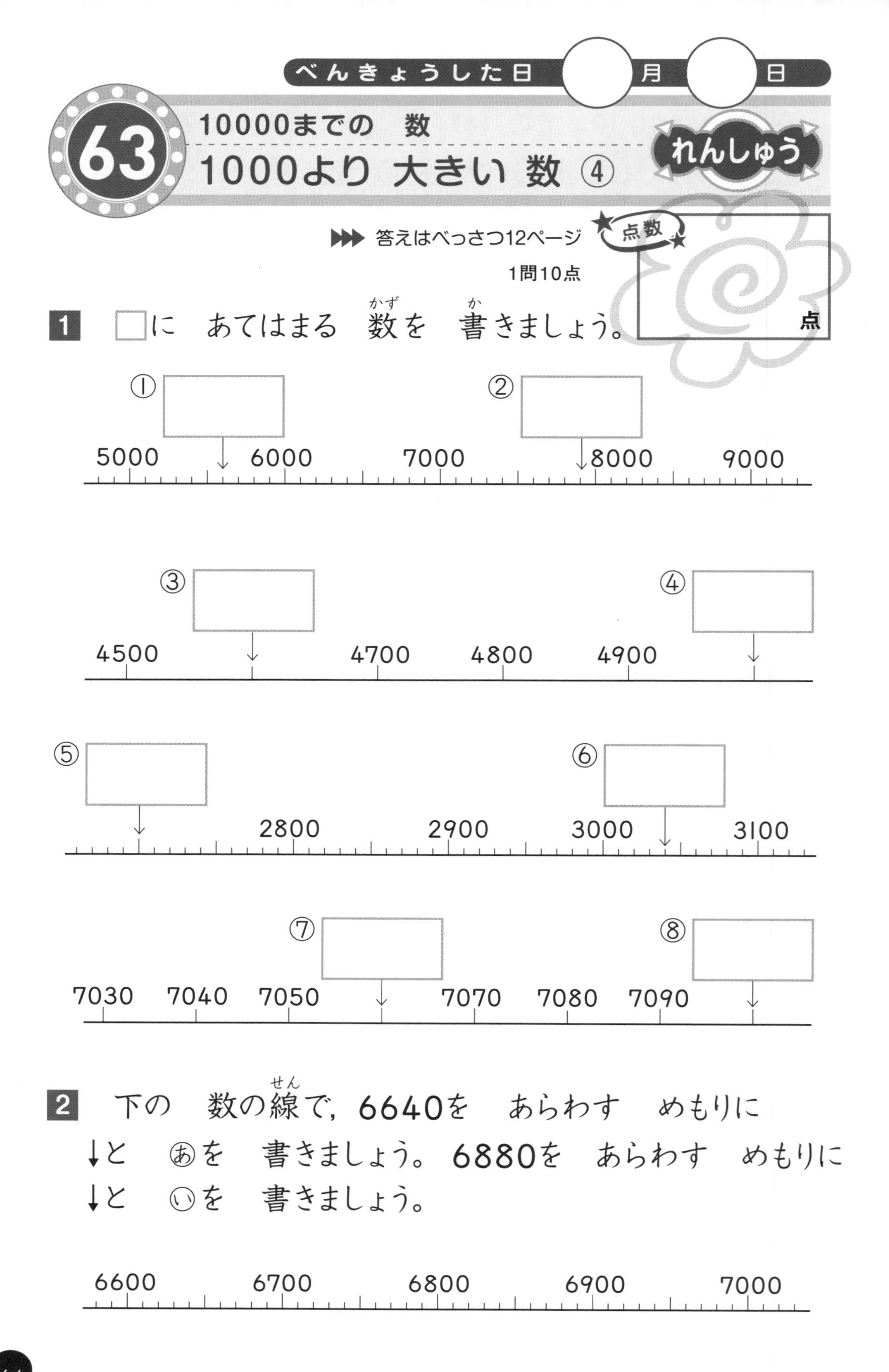

63 10000までの　数
1000より 大きい 数 ④

れんしゅう

▶▶▶ 答えはべっさつ12ページ

点数　　点

1問10点

1 □に　あてはまる　数(かず)を　書(か)きましょう。

① □　② □

5000　6000　7000　8000　9000

③ □　④ □

4500　4700　4800　4900

⑤ □　⑥ □

2800　2900　3000　3100

⑦ □　⑧ □

7030　7040　7050　7070　7080　7090

2 下の　数の線(せん)で，6640を　あらわす　めもりに↓と　㋐を　書きましょう。6880を　あらわす　めもりに↓と　㋑を　書きましょう。

6600　6700　6800　6900　7000

べんきょうした日　　月　　日

64

10000までの　数

1000より 大きい 数 ⑤

りかい

▶▶▶ 答えはべっさつ12ページ

点数

1問10点

点

□に　あてはまる　>, <を　書きましょう。

① 4200 □ 3800←千のくらいで　くらべる。

② 7500 □ 7800←百のくらいで　くらべる。

③ 3862 □ 3865←一のくらいで　くらべる。

④ 5002 □ 4998←千のくらいで　くらべる。

⑤ 6054 □ 6049←十のくらいで　くらべる。

⑥ 7698 □ 7703←百のくらいで　くらべる。

⑦ 2894 □ 2890←一のくらいで　くらべる。

⑧ 8350 □ 8320←十のくらいで　くらべる。

⑨ 4609 □ 4610←十のくらいで　くらべる。

⑩ 6001 □ 5999←千のくらいで　くらべる。

65 10000までの　数
1000より 大きい 数 ⑤

れんしゅう

▶▶▶ 答えはべっさつ13ページ

①～⑫：1問5点　⑬～⑯：1問10点

点

□に　あてはまる　>, <を　書(か)きましょう。

① 7800 □ 7600　　② 5400 □ 4800

③ 3572 □ 3576　　④ 6838 □ 7164

⑤ 6851 □ 6837　　⑥ 4362 □ 4368

⑦ 2795 □ 2835　　⑧ 3540 □ 3529

⑨ 5980 □ 6008　　⑩ 8375 □ 8359

⑪ 3501 □ 3402　　⑫ 7008 □ 7013

⑬ 3129 □ 3219　　⑭ 5325 □ 5235

⑮ 2202  2220　　⑯ 7286 □ 7268

66 10000までの 数の まとめ
しゅみは なあに

▶▶▶答えはべっさつ13ページ

数が 大きい ほうの ひらがなを，
上から じゅんに ならべて みましょう。

答え

67 長さ 長い ものの 長さの たんい

りかい

▶▶▶ 答えはべっさつ13ページ

1：1問8点　2：1問20点

点数　点

1 □に あてはまる 数(かず)を 書(か)きましょう。

① 300 cm ＝ □ m ←100cm＝1m

② 5 m ＝ □ cm ←1m＝100cm

③ 6 m 50 cm ＝ □ cm ←6m＝600cm

④ 865 cm ＝ □ m □ cm ←100cm＝1m

⑤ 504 cm ＝ □ m □ cm ←100cm＝1m

2 計算(けいさん)を しましょう。

① 3 m 40 cm ＋5 m ＝ □ m □ cm ←m どうしを たす。

② 6 m 70 cm －10 cm ＝ □ m □ cm ←cm どうしを ひく。

③ 2 m 15 cm ＋4 m 32 cm ＝ □ m □ cm ←m どうし, cm どうしを たす。

おぼえよう！

● 1 m＝□ cm

68 長さ
長い　ものの　長さの　たんい

れんしゅう

▶▶▶ 答えはべっさつ13ページ

点数　　点

1問10点

1 □に　あてはまる　数を　書きましょう。

① 400 cm ＝ □ m

② 8 m ＝ □ cm

③ 3 m 60 cm ＝ □ cm

④ 1 m 5 cm ＝ □ cm

⑤ 672 cm ＝ □ m □ cm

⑥ 708 cm ＝ □ m □ cm

2 計算を　しましょう。

① 6 m 20 cm －4 m ＝ □ m □ cm

② 2 m 30 cm ＋60 cm ＝ □ m □ cm

③ 1 m 45 cm －15 cm ＝ □ m □ cm

④ 5 m 25 cm ＋3 m 15 cm ＝ □ m □ cm

図を　つかって　考える

図を　かいて　考える ①

▶▶▶ 答えはべっさつ14ページ

図：(　)1つ5点　しき：1問20点　答え：1問20点

図の　(　　)に　あてはまる　数を
書いて，答えを　もとめましょう。

① りんごが　何こか　あります。8こ　もらったので，ぜんぶで　24こに　なりました。りんごは，はじめに　何こ　ありましたか。

ぜんぶで (　　) こ

はじめ □ こ　もらった (　　) こ

(しき)←はじめの 数＝ぜんぶの 数－もらった 数

答え □ こ

② おりづるを　おって　います。きょう，9こ　おったら，ぜんぶで　28こに　なりました。きのうまでに　おった　おりづるは　何こですか。

ぜんぶで (　　) こ

きのうまでに　おった □ こ　きょう　おった (　　) こ

(しき)←きのうまでの 数＝ぜんぶの 数－きょうの 数

答え □ こ

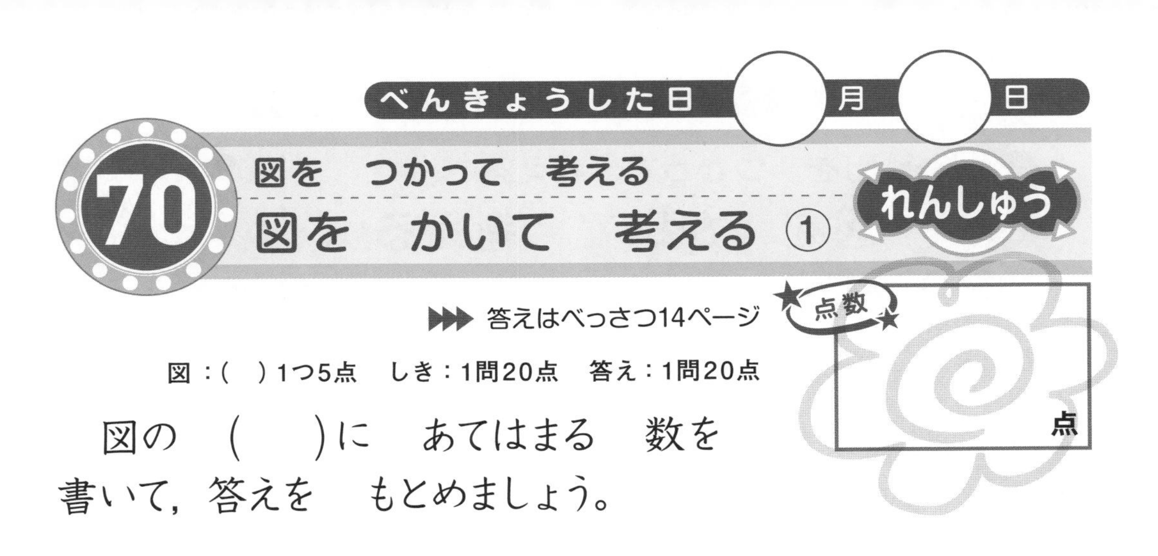

▶▶▶ 答えはべっさつ14ページ

図：（ ）1つ5点　しき：1問20点　答え：1問20点

図の（　）に あてはまる 数を 書いて，答えを もとめましょう。

① シールを 何まいか もって います。おねえさんから 12まい もらったので，ぜんぶで 36まいに なりました。シールを はじめに 何まい もって いましたか。

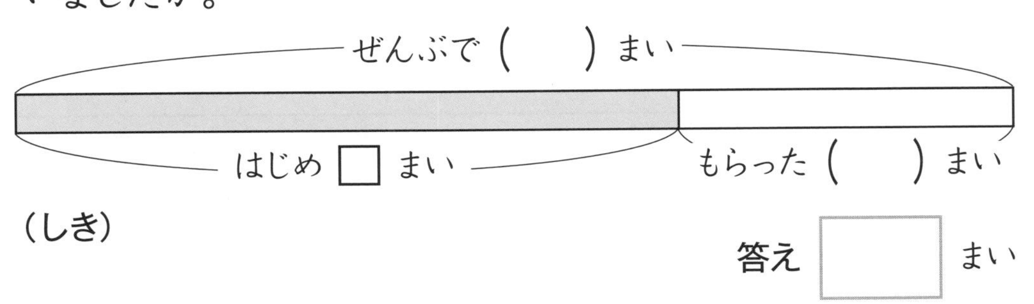

（しき）

答え □ まい

② みかんが はこと かごに はいって います。かごには 10こ はいって いて，ぜんぶで 48こ あるそうです。みかんは，はこに 何こ はいって いますか。

ぜんぶで（　）こ

はこ □ こ　かご（　）こ

（しき）

答え □ こ

べんきょうした日　　月　　日

71 図を　つかって　考える
図を　かいて　考える ②

りかい

▶▶▶ 答えはべっさつ14ページ

点数　　点

図：(　)1つ5点　しき：1問20点　答え：1問20点

図の　(　　)に　あてはまる　数を　書いて，答えを　もとめましょう。

① 公園で　子どもが　14人　あそんで　います。あとから　何人か　きたので，子どもは　ぜんぶで　22人に　なりました。あとから　きた　子どもは　何人ですか。

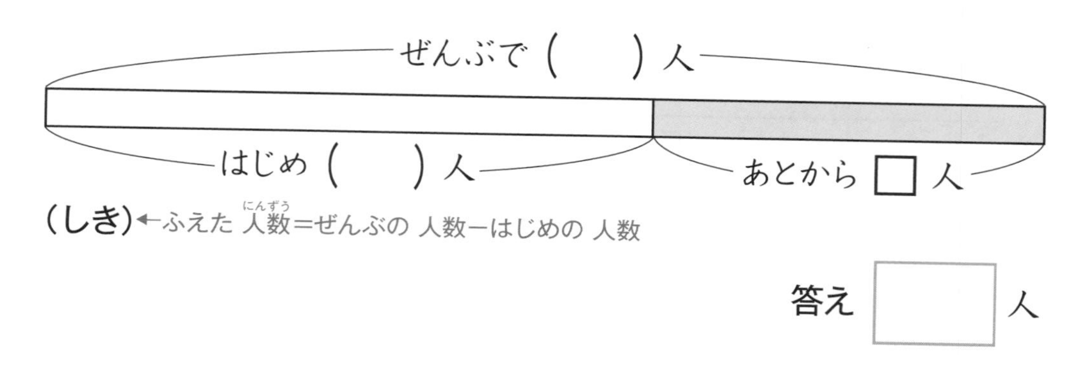

(しき)←ふえた 人数＝ぜんぶの 人数－はじめの 人数

答え □ 人

② 赤い　おり紙が　15まい　あります。青い　おり紙と　合わせると　27まいに　なります。青い　おり紙は　何まい　ありますか。

ぜんぶで (　　) まい

赤 (　　) まい　　青 □ まい

(しき)←青い おり紙の まい数＝ぜんぶの おり紙の まい数－赤い おり紙の まい数

答え □ まい

72 図を　つかって　考える
図を　かいて　考える ②

れんしゅう

▶▶▶ 答えはべっさつ14ページ

点数　　点

図：(　)1つ5点　しき：1問20点　答え：1問20点

図の　(　　)に　あてはまる　数を
書いて，答えを　もとめましょう。

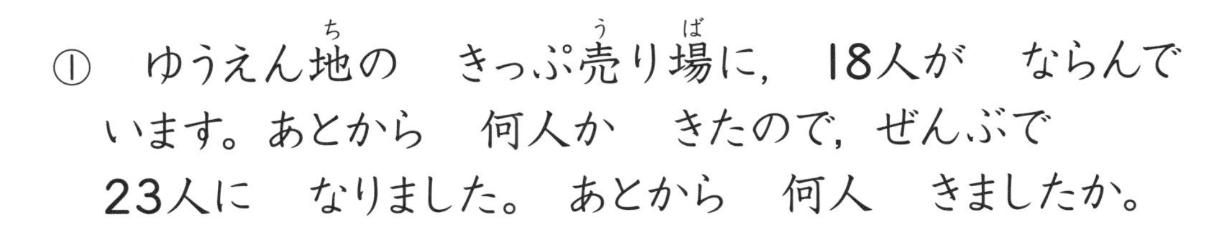

① ゆうえん地(ち)の　きっぷ売(う)り場(ば)に，18人が　ならんで
います。あとから　何人か　きたので，ぜんぶで
23人に　なりました。あとから　何人　きましたか。

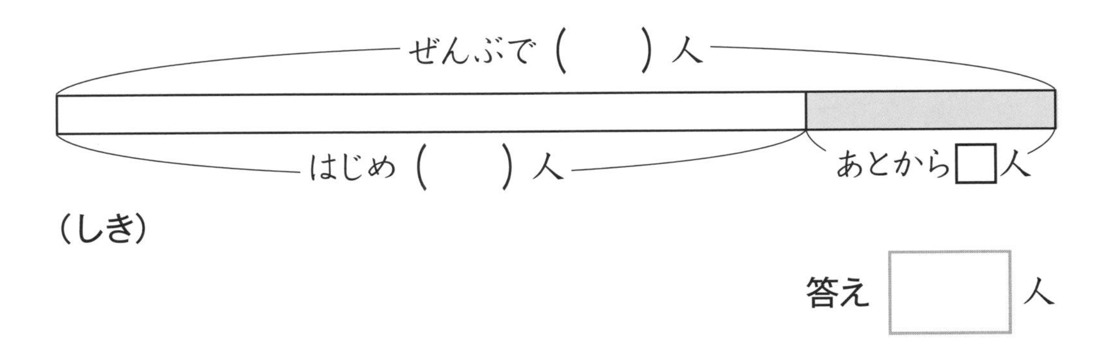

(しき)

答え □ 人

② ともやさんの　学校の　2年1組(くみ)の　人数(にんずう)は　19人で，
2組と　合わせると　37人です。2組の　人数は
何人ですか。

合わせて (　　) 人

1組 (　　) 人　　2組 □ 人

(しき)

答え □ 人

73 図を　つかって　考える
図を　かいて　考える ③

りかい

▶▶▶ 答えはべっさつ14ページ

図：(　)1つ5点　しき：1問20点　答え：1問20点

図の　(　　)に　あてはまる　数を　書いて，答えを　もとめましょう。

① みかんが　何こか　あります。12こ　たべたら，のこりが　26こに　なりました。みかんは，はじめに　何こ　ありましたか。

はじめ □ こ

のこり (　　) こ　　たべた (　　) こ

(しき)←はじめの 数=のこりの 数+たべた 数

答え □ こ

② リボンが　何mか　あります。8m　つかったら，のこりは　14mに　なりました。リボンは，はじめに　何m　ありましたか。

はじめ □ m

のこり (　　) m　　つかった (　　) m

(しき)←はじめの 長さ=のこりの 長さ+つかった 長さ

答え □ m

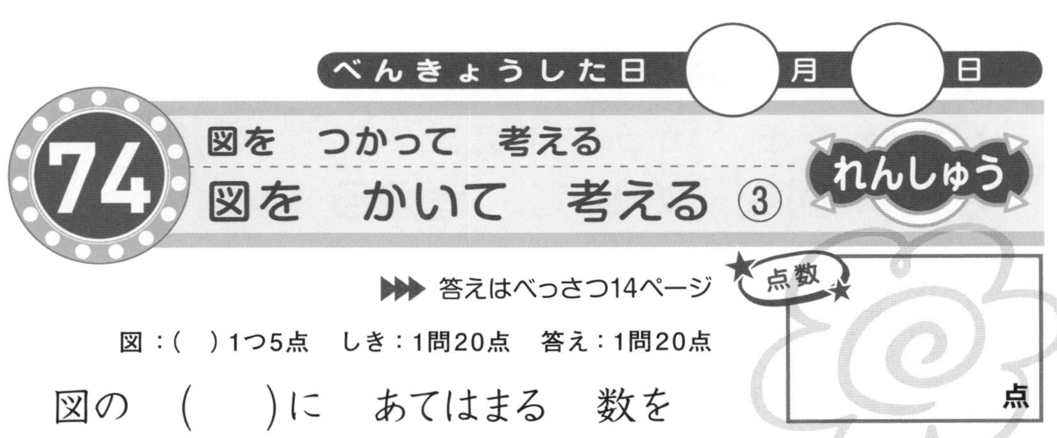

▶▶▶ 答えはべっさつ14ページ

図：(　)1つ5点　しき：1問20点　答え：1問20点

図の　(　　)に　あてはまる　数を
書いて，答えを　もとめましょう。

① 牛(ぎゅう)にゅうを　200mL　のんだら，のこりは　600mLに
なりました。牛にゅうは，はじめに　何mL　ありましたか。

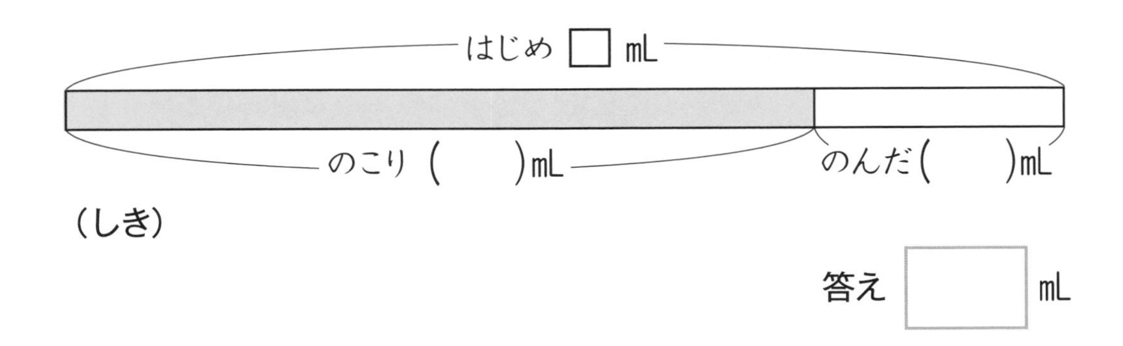

(しき)

答え □ mL

② 画用紙(がようし)が　何まいか　あります。23人に　1まいずつ
くばったら，のこりは　42まいに　なりました。
画用紙は，はじめに　何まい　ありましたか。

はじめ □ まい

のこり (　　)まい　くばった (　　)まい

(しき)

答え □ まい

図を　つかって　考える
図を　かいて　考える ④

▶▶▶ 答えはべっさつ15ページ

点数　　点

図：(　)1つ5点　しき：1問20点　答え：1問20点

図の（　　）に　あてはまる　数を書いて，答えを　もとめましょう。

① さとうが　800g　あります。ケーキを　作るのに何gか　つかったら，のこりは　600gに　なりました。さとうを　何g　つかいましたか。

はじめ（　　）g

のこり（　　）g　　つかった □g

(しき)←つかった りょう=はじめの りょうーのこりの りょう

答え □ g

② 45ページ　ある　本を　何ページか　よんだら，のこりは　28ページに　なりました。よんだのは何ページですか。

ぜんぶで（　　）ページ

のこり（　　）ページ　　よんだ □ ページ

(しき)←よんだ ページ=ぜんぶの ページーのこりの ページ

答え □ ページ

▶▶▶ 答えはべっさつ15ページ

点数　　点

図：(　) 1つ5点　しき：1問20点　答え：1問20点

図の　(　　) に　あてはまる　数を
書いて，　答えを　もとめましょう。

① 　はり金が　8m　あります。何mか　つかったら，
のこりが　2mに　なりました。はり金を　何m
つかいましたか。

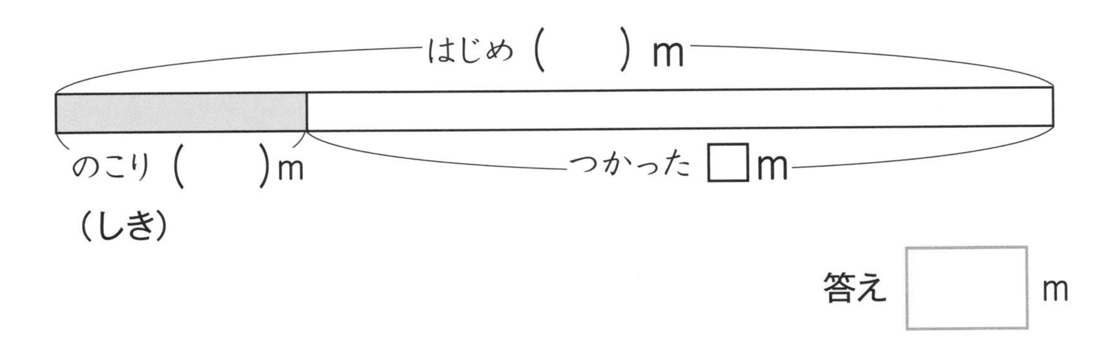

(しき)

答え [　　] m

② 　バスに　36人　のって　います。つぎの　ていりゅう
じょで　何人か　おりたので，じょうきゃくは　28人に
なりました。おりたのは　何人ですか。

はじめ (　　) 人

のこった (　　) 人　　おりた □ 人

(しき)

答え [　　] 人

はこの　形

はこの　形

りかい

▶▶▶答えはべっさつ15ページ

点数　　点

1：1問12点　**2**①,②：1問10点　③：20点

1 右(みぎ)の　はこの　形(かたち)には，つぎの　ものが　それぞれ　いくつ　ありますか。

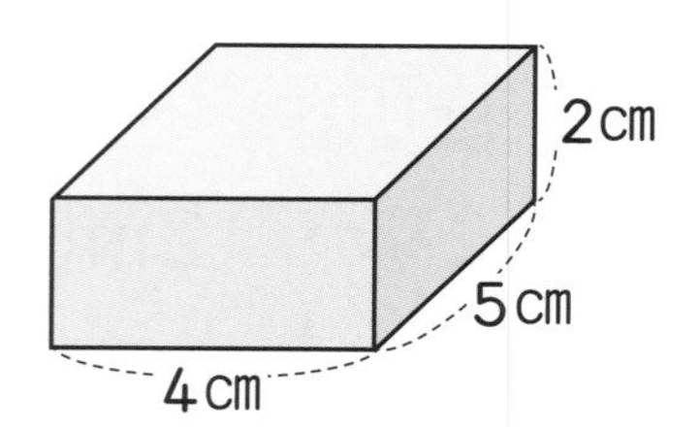

① ちょう点(てん)　［　　］つ　←かどの　ところ

② 2cmの　へん　［　　］つ　←はこの　たかさ

③ 4cmの　へん　［　　］つ　←たて 2cm，よこ 4cmの 長方形(ちょうほうけい)の 面(めん)が 2つ

④ 5cmの　へん　［　　］つ　←たて 2cm，よこ 5cmの 長方形の 面が 2つ

⑤ 同(おな)じ　形の　長方形(ちょうほうけい)の　面(めん)　［　　］つずつ　［　　］組(くみ)　↓むかい合った　面は　同じ　形

2 右の　さいころの　形に　ついて　答(こた)えましょう。

① ちょう点は　いくつ　ありますか。

［　　］つ　←かどの　ところ

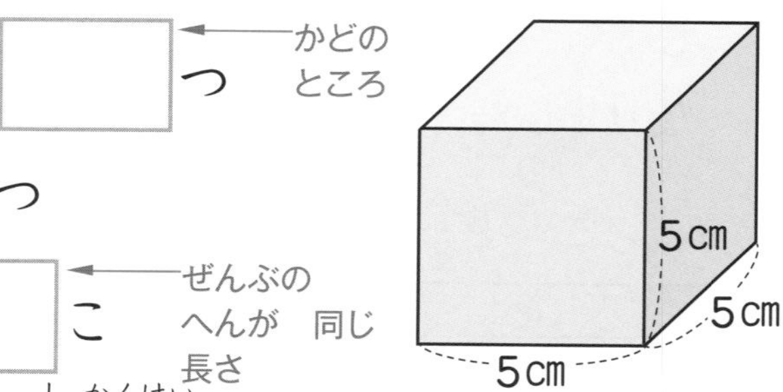

② 5cmの　へんは　いくつ　ありますか。

［　　］こ　←ぜんぶの　へんが　同じ　長さ

③ 面の　形は　どんな　四角形(しかくけい)ですか。

［　　　　］　←4つの　へんの　長さは　みんな　同じ

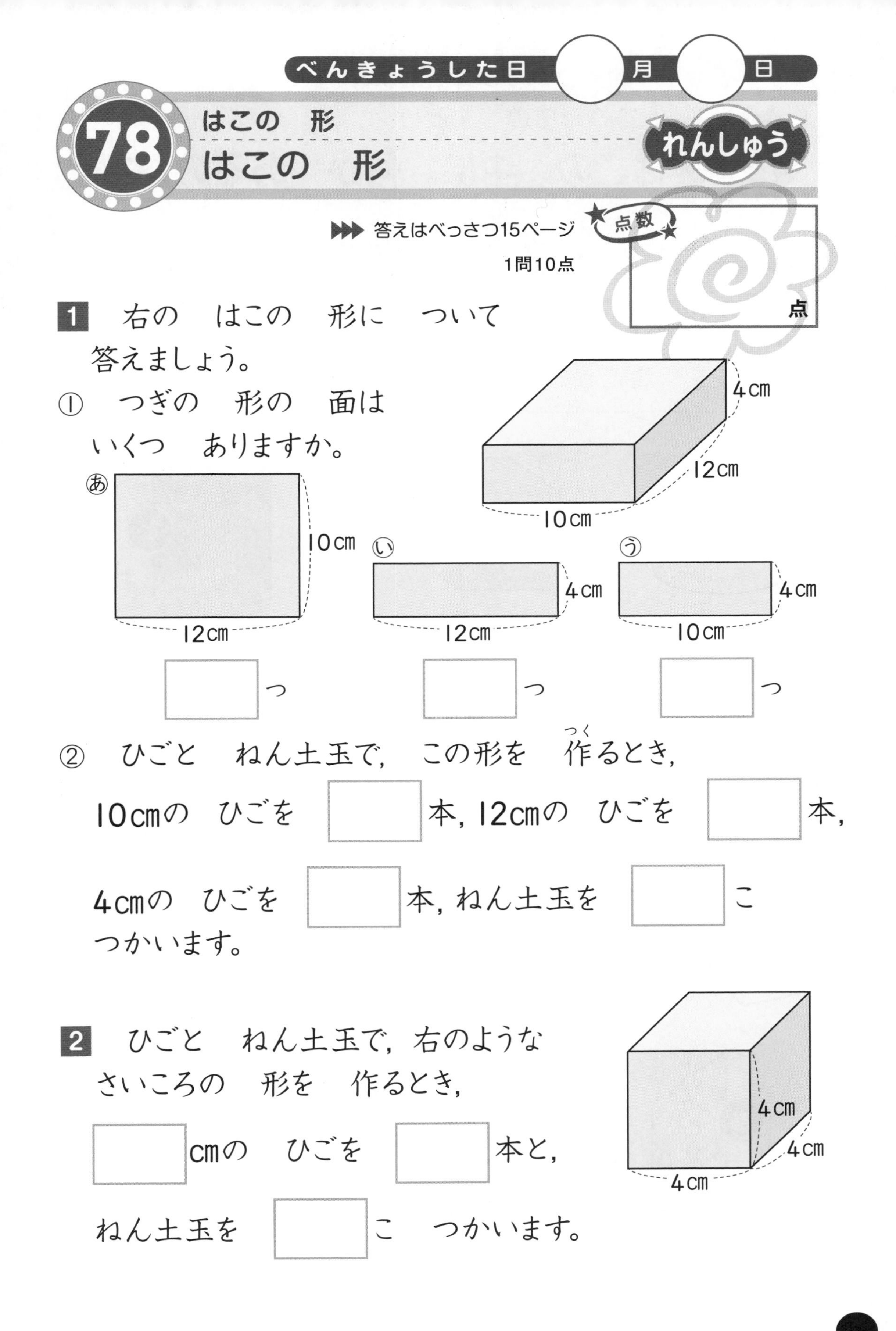

べんきょうした日　　月　　日

78 はこの　形

はこの　形

れんしゅう

▶▶▶ 答えはべっさつ15ページ

点数

1問10点

点

1 右の　はこの　形に　ついて　答えましょう。

① つぎの　形の　面は　いくつ　ありますか。

□つ　□つ　□つ

② ひごと　ねん土玉で，この形を　作(つく)るとき，

10cmの　ひごを　□本，12cmの　ひごを　□本，

4cmの　ひごを　□本，ねん土玉を　□こ　つかいます。

2 ひごと　ねん土玉で，右のような　さいころの　形を　作るとき，

□cmの　ひごを　□本と，

ねん土玉を　□こ　つかいます。

べんきょうした日　　月　　日

79

はこの　形の　まとめ

はこの　中に　何が　あるのかな

答えはべっさつ16ページ

はこの 形(かたち)を ぜんぶ 見つけて，はこに ついて いる ひらがなを，番(ばん)ごうの 小さい じゅんに ならべて みましょう。

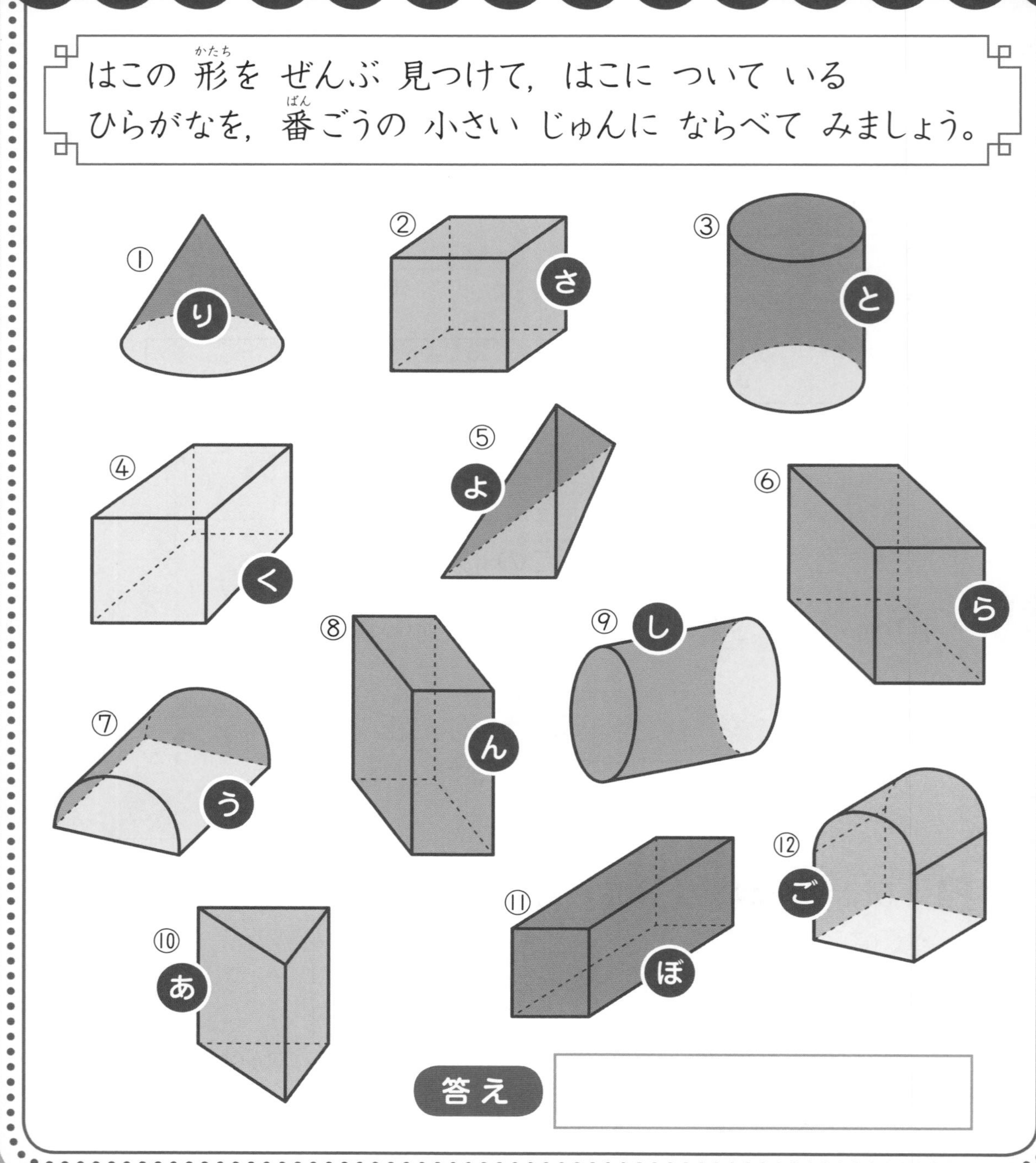

答え

答えとおうちのかた手引き

1 ひょうと グラフ ひょうと グラフ ①

▶▶▶本さつ2ページ

① 右のグラフ

○				
○	○			
○	○		○	
○	○		○	○
○	○		○	○
○	○	○	○	○
○	○	○	○	○
バナナ	りんご	なし	みかん	ぶどう

②

くだもの	バナナ	りんご	なし	みかん	ぶどう
人数	7	6	2	5	4

ポイント

１つずつ，カードに印をつけて，グラフに○を書くようにさせます。
② では，グラフのそれぞれの果物の縦にならんだ○の数を数えて，その数を表に書かせます。

2 ひょうと グラフ ひょうと グラフ ①

▶▶▶本さつ3ページ

① 右のグラフ

○				
○	○			
○	○	○		
○	○	○		
○	○	○	○	
○	○	○	○	
○	○	○	○	
○	○	○	○	○
じょう用車	自てん車	トラック	オートバイ	パトカー

②

車	じょう用車	自てん車	トラック	オートバイ	パトカー
台数	8	7	6	4	1

ポイント

２度数えや数え落としがないか，最後に全体の数が合っているか，表の数をたして確認させましょう。

3 ひょうと グラフ ひょうと グラフ ②

▶▶▶本さつ4ページ

① サッカー　② やきゅう
③ 水えい　④ 5

ポイント

①，②　数の多い，少ないは，グラフを見るとすぐにわかることに気づかせます。
③，④　具体的な数は，表で見たほうがよいことに気づかせましょう。

4 ひょうと グラフ ひょうと グラフ ②

▶▶▶本さつ5ページ

① 赤　② 白
③ 黒，黄　④ 4

ポイント

①，②　グラフの○の高さで比べさせます。
③　該当するものが複数あるときは，全部答えるようにさせましょう。
④　表の数字を比べさせ，ひき算で求めさせましょう。

5 ひょうと グラフの まとめ
かくれて いるのは なあに

▶▶▶本さつ6ページ

べんきょうした日　月　日

ひょうと　グラフの　まとめ

5 かくれて　いるのは　なあに

▶▶▶答えはべっさつ2ページ

「すきな デザート」の ひょうで，いちばん 多い デザートと，3ばんめに 多い デザートの 名前の ところを ぬりつぶして みましょう。

すきな デザート

				●
			●	●
		●	●	●
	●	●	●	●
●	●	●	●	●
●	●	●	●	●
くだもの	プリン	ゼリー	ケーキ	アイス

答え　うさぎ

6

6 時計
時こくと 時間 ①

▶▶▶本さつ7ページ

1 ① 前，7，10　② 後，2，45

2 後，1

ポイント

1日の時間の成り立ちを覚えさせましょう。
時刻と時刻の間がどのくらいあるかが「時間」であることも確認させましょう。

午前0時　午前12時
午後0時
←午前→←午後→
正午

7 時計
時こくと 時間 ①

▶▶▶本さつ8ページ

1 ① 後，11，15　② 前，6，30

2 ① 前，1　② 後，6
③12

ポイント

2 ①　午後12時まで4時間あり，午後12時を過ぎると午前になることに気づかせます。

4時間　1時間
8時　12時

②　12時間で時計の短針は1回転して，同じ時刻をさすことに気づかせましょう。

8 時計
時こくと 時間 ②

▶▶▶本さつ9ページ

①40　②12，40　③1，10
④12，10　⑤11，50　⑥1，20

ポイント

長針は，さす数字が2増えるごとに10分進み，2減るごとに10分前になることを理解させます。20分以上前，40分以上後の時刻は12時台でなくなることに注意させましょう。

9 時計
時こくと 時間 ②

▶▶▶本さつ10ページ

①5，45　②6，15　③6，30
④5，25　⑤5，10　⑥4，45

ポイント

②，③　15分後の時刻は6時であることから考えさせましょう。
④，⑤　15分前の時刻は5時30分であることから考えさせましょう。
⑥　長針は1時間で1回転することに気づかせましょう。

時計

時こくと 時間 ③

▶▶▶本さつ11ページ

①1，10　②40　③6，50

ポイント

① 1時間たつと8時20分です。そこからあと何分かを考えればよいことに気づかせましょう。
② 9時までの時間と9時からの時間に分けて考えさせましょう。
③ 10時までの時間と10時からの時間に分けて考えさせましょう。

時計

時こくと 時間 ③

▶▶▶本さつ12ページ

1 1，25　**2** 2，30

時計の まとめ

食べたのは だあれ

▶▶▶本さつ13ページ

べんきょうした日　月　日

時計の　まとめ

食べたのは　だあれ

▶▶▶答えはべっさつ3ページ

しまって おいた ケーキが 食べられて しまいました。
食べたのは だれでしょう。
下の 時計の □に 入る 時間を ひらがなに かえて，
左から じゅんに ならべると わかります。

25 分前　40 分後　30 分後

5	10	15	20	25	30	35	40
ぬ	か	た	す	き	ね	ら	つ

答え　きつね

13

長さ

長さの はかり方

▶▶▶本さつ14ページ

1 ①5　②11　③6，8

2 ①4　②9

ポイント

長さをはかるときのものさしの目もりの読み方は，一番小さい目もりが1mm，二番目に小さい目もりが5mmを表すことを覚えさせましょう。

14

長さ

長さの はかり方

▶▶▶本さつ15ページ

1 ①9　②7　③2，6　④6，2

2 ①10　②5

ポイント

この印は5cmを表すことも覚えさせましょう。

長さ

長さの たんい

▶▶▶本さつ16ページ

①30　②120　③6　④10
⑤78　⑥105　⑦8，3　⑧2，6
⑨11，4

おぼえよう　10

ポイント

1mmが10こで1cmになることを理解させましょう。

16 長さ　長さの たんい

本さつ17ページ

①80　②100　③5　④11
⑤19　⑥51　⑦103　⑧4，3
⑨6，3　⑩10，5

ポイント

cm を mm に直すには，最後に 0 を 1 つつければよいことに気づかせましょう。
⑧のような問題は，40mm と下 1 けたの 3mm とに分けて考えればよいことを理解させましょう。

17 長さ　長さの 計算

本さつ18ページ

①9　②3　③8
④3　⑤9，3　⑥3，8
⑦4，7　⑧2，3　⑨9，9

ポイント

cm は cm どうし，mm は mm どうしで計算することを理解させます。単位をしっかりと確認させましょう。

18 長さ　長さの 計算

本さつ19ページ

①9　②1　③9
④5　⑤12，4　⑥5，5
⑦12，6　⑧10，1　⑨10，7

ポイント

単位を混同しないように気をつけさせましょう。
同じ単位どうしを計算しているか，見直させましょう。

19 長さの まとめ　たからものは どこ

本さつ20ページ

あを スタートして，①～⑥の とおりに すすむと，たからものを 見つける ことが できます。
たからものは い～きの どこに ありますか。

① 右へ 2cm5mm　② 上へ 1cm5mm
③ 右へ 1cm　④ 上へ 2cm5mm
⑤ 右へ 2cm5mm　⑥ 上へ 2cm

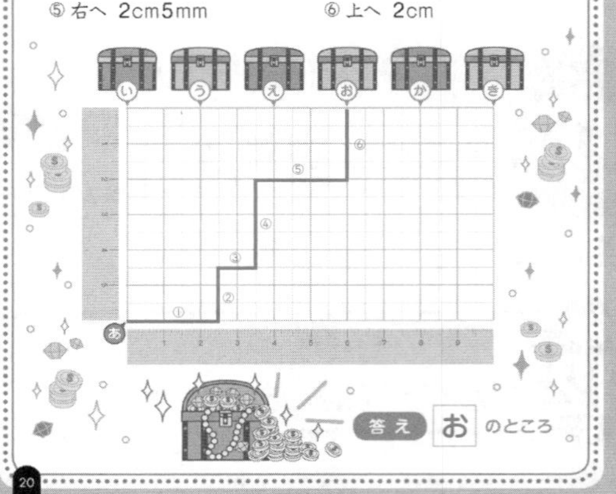

答え　お　のところ

20

20 1000までの 数　100より 大きい 数 ①

本さつ21ページ

①140　②435　③607　④358

ポイント

100 がいくつ　10 がいくつ　1 がいくつは
↓　↓　↓
百の位の数　十の位の数　一の位の数
○○○と書くことを理解させましょう。

1000までの 数
100より 大きい 数 ①

▶▶▶本さつ22ページ

①120　②233　③305　④525

ポイント

十の位や一の位に 0 を書くことを忘れないように注意させましょう。

1000までの 数
100より 大きい 数 ②

▶▶▶本さつ23ページ

1 ① 三百　② 八百二十　③ 七百十
④ 五百六　⑤ 三百二十七

2 ①400　②930　③210
④605　⑤278

ポイント

3 けたの数の読み方，書き方を理解させます。

1　0 のある位は読まないことを覚えさせましょう。

2　十の位や一の位が書かれていないときは 0 を書くことを覚えさせましょう。

1000までの 数
100より 大きい 数 ②

れんしゅう

▶▶▶本さつ24ページ

1 ① 五百　② 三百六十　③ 四百七
④ 八百十六　⑤ 千

2 ①600　②750　③209
④416　⑤932

ポイント

読みでは，0 の書かれた位は読まないこと，数字で書くときは，ぬけている位には 0 を書くことを忘れやすいので注意させましょう。

24

1000までの 数
100より 大きい 数 ③

りかい

▶▶▶本さつ25ページ

1 ①3　②0　③4

2 ①426　②207　③305
④830　⑤1000

ポイント

百の位，十の位，一の位の数のしくみを理解させましょう。

1000までの 数
100より 大きい 数 ③

れんしゅう

▶▶▶本さつ26ページ

1 ①7　②0　③7

2 ①537　②405　③902
④700　⑤650

ポイント

3 けたの数の成り立ちを確認させましょう。

1000までの 数
100より 大きい 数 ④

▶▶▶本さつ27ページ

1 ①280　②600　③300
④301　⑤484　⑥500

2

あ　い

880　890　900　910　920

ポイント

一番小さい目もりがいくつを表しているか考えさせましょう。
2 では，890 から 900，900 から 910 までの 10 がそれぞれ 10 等分されていることに気づかせましょう。

1000までの 数
100より 大きい 数 ④

▶▶▶本さつ28ページ

1 ① 580　② 750　③ 495
④ 500　⑤ 802　⑥ 818
⑦ 290　⑧ 300

2

あ（698）　い（704）

670　680　690　700　710

ポイント

目もりにあてはめた数によって，１目もりが表す大きさがちがうことを理解させましょう。

28 1000までの 数
100より 大きい 数 ⑤

▶▶▶本さつ29ページ

1 ① <　② >　③ <

2 ① >　② ＝　③ <　④ >
⑤ <　⑥ ＝

ポイント

不等号の使い方，数の大小の比べ方を理解させましょう。

1 大きい位から順に比べさせます。百の位の数字が同じときは十の位で比べ，百の位と十の位の数字が同じときは一の位で比べればよいことに気づかせましょう。

2 式を計算し，その結果と比べることを理解させましょう。

1000までの 数
100より 大きい 数 ⑤

▶▶▶本さつ30ページ

1 ① <　② >　③ <

2 ① <　② >　③ ＝　④ >
⑤ >　⑥ ＝　⑦ >

30 1000までの 数の まとめ
どこへ 行ったのかな

▶▶▶本さつ31ページ

水の かさ
水の かさ

▶▶▶本さつ32ページ

① 8　② 1，3　③ 3　④ 2，2

ポイント

1dL ますや 1L ますを使ったかさの調べ方を理解させましょう。

水の かさ
水の かさ

▶▶▶本さつ33ページ

① 2　② 7　③ 2，1　④ 1，2

ポイント

dL，L の読み方，書き方，数え方を覚えさせましょう。

水の かさ

水の かさの たんい

▶▶▶本さつ34ページ

①30　②57　③2800　④4300
⑤75，1　⑥2，85　⑦3，5，62

おぼえよう　①10　②1000　③100

ポイント

1L=10dL=1000mL の関係をしっかりと覚えさせましょう。

ここが ニガテ

小さい単位を大きい単位に変えるときにまちがいが多いので，気をつけさせましょう。

水の かさ

水の かさの たんい

▶▶▶本さつ35ページ

①50　②800　③2000　④49
⑤1600　⑥7200　⑦32，8　⑧4，6
⑨5，43　⑩4，9，5

ポイント

L，dL，mL 間の単位の変換を正確にできるように練習させましょう。

水の かさ

水の かさの 計算

▶▶▶本さつ36ページ

①5　②3　③7　④3
⑤7，8　⑥12，2　⑦5，4
⑧9，2　⑨7，9　⑩1，5

ポイント

長さの計算と同様に，同じ単位どうしを計算することを理解させましょう。

水の かさ

水の かさの 計算

れんしゅう

▶▶▶本さつ37ページ

①8　②6　③5　④1
⑤5，6　⑥12，5　⑦2，9
⑧6，4　⑨7，7　⑩4，3

ポイント

単位をまちがえずに，正確な計算ができるように練習させましょう。

三角形と 四角形

三角形

▶▶▶本さつ38ページ

1　㋐，㋓

2　㋐，㋒

おぼえよう　三角形，3，3

ポイント

どのような形を三角形とよぶのか，理解させましょう。
1 ㋑，㋒には辺が 4 つあります。**2** ㋑には直線でない部分があります。**2** ㋓はきちんと囲まれた形ではありません。

三角形と 四角形

三角形

▶▶▶本さつ39ページ

1　㋐，㋔

2　㋐，㋔

ポイント

1 ㋑は 4 本の直線で囲まれています。**1** ㋒，**2** ㋑，㋓には直線でない部分があります。**1** ㋓と **2** ㋒はきちんと囲まれていません。どれも三角形ではないことに気づかせましょう。

39 三角形と 四角形
四角形

▶▶▶本さつ40ページ

1 ㋑，㋓

2 ㋐，㋓

おぼえよう 四角形，4，4

ポイント

どのような形を四角形とよぶのか，理解させましょう。
1 ㋐はきちんと囲まれていない形です。**1** ㋒は辺が5つあります。**2** ㋑，㋒は直線でない部分がある形です。

40 三角形と 四角形
四角形

▶▶▶本さつ41ページ

1 ㋑，㋓

2 ㋒，㋓

ポイント

1 ㋐，㋔は辺が4つではないこと，**1** ㋒，**2** ㋑は直線でない部分があること，**2** ㋐，㋔はきちんと囲まれていないことに気づかせましょう。

41 三角形と 四角形
長方形 ①

▶▶▶本さつ42ページ

1 ㋑，㋓

2 ㋐，㋓

おぼえよう むかい合った

ポイント

長方形は4つの角がみな直角で，向かい合った辺の長さが等しい四角形であることを覚えさせましょう。直角であるかどうかは，ノートや教科書のかどや，三角定規でも確かめられることに気づかせましょう。

42 三角形と 四角形
長方形 ①

れんしゅう

▶▶▶本さつ43ページ

1 ㋒，㋔

2 ㋑，㋓

ポイント

4つの角の大きさ，向かい合った辺の長さを確認させましょう。

43 三角形と 四角形
長方形 ②

▶▶▶本さつ44ページ

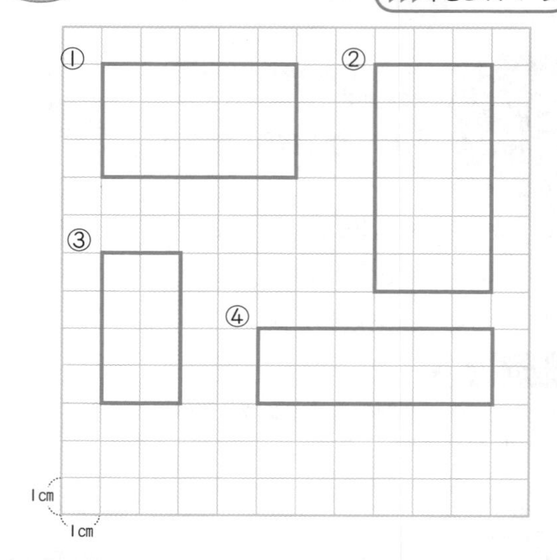

ポイント

向かい合った辺の長さは等しいか，4つの角が直角になっているか，また，長さは正しくとられているかを見てあげましょう。

三角形と 四角形

長方形 ②

▶▶▶本さつ45ページ

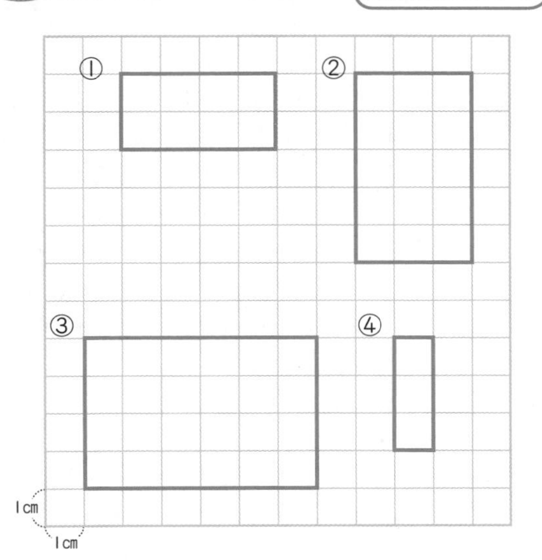

45

三角形と 四角形

正方形 ①

りかい

▶▶▶本さつ46ページ

1 ㋐，㋒

2 ㋑，㋓

おぼえよう 正方形

ポイント

正方形は 4 つの角がみな直角で，4 つの辺の長さがみな等しい四角形であることを覚えさせましょう。
長方形の隣り合った辺の長さを等しくすると，正方形になります。

三角形と 四角形

正方形 ①

れんしゅう

▶▶▶本さつ47ページ

1 ㋐，㋔

2 ㋐，㋓

47

三角形と 四角形

正方形 ②

▶▶▶本さつ48ページ

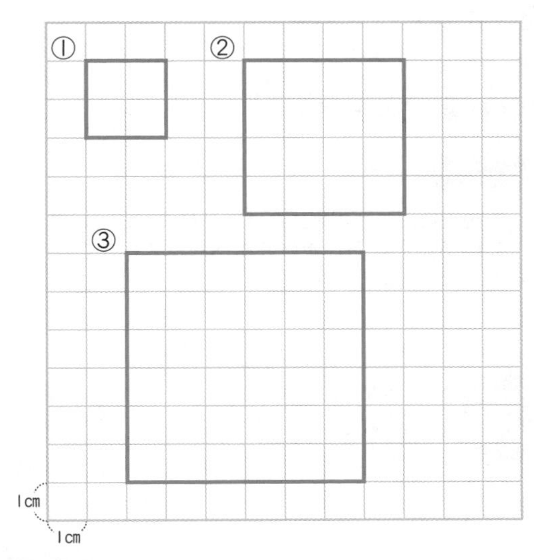

ポイント

正方形になっているか，4 つの辺の長さ，4 つの角の角度を見てあげましょう。

48

三角形と 四角形

正方形 ②

れんしゅう

▶▶▶本さつ49ページ

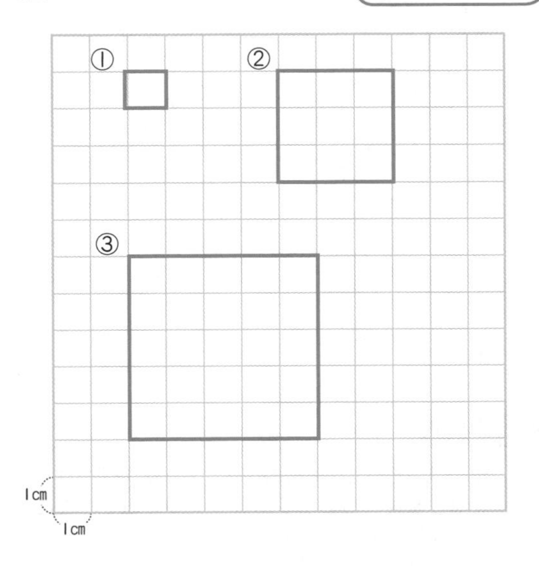

三角形と 四角形
直角三角形 ①

▶▶▶本さつ50ページ

1 ㋑，㋓

2 ㋐，㋒

直角三角形

ポイント

直角三角形は，辺の長さは関係なく，直角になっている角があるかだけを調べればよいことを理解させましょう。

三角形と 四角形
直角三角形 ①

▶▶▶本さつ51ページ

1 ㋐，㋓

2 ㋐，㋒

三角形と 四角形
直角三角形 ②

▶▶▶本さつ52ページ

（例）

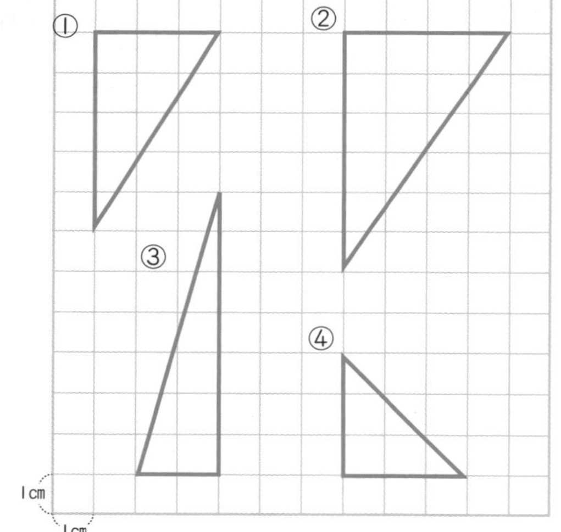

ポイント

ます目にそって，1つの辺をかき，その辺のはしから，直角になるようにもう1つの辺をかくことを理解させましょう。
直角になる2つの辺の長さが正しければ，三角形の向きがちがっていても正解です。

三角形と 四角形
直角三角形 ②

▶▶▶本さつ53ページ

（例）

①
②
③
④
1cm
1cm

三角形と 四角形の まとめ
何が かくれて いるかな

▶▶▶本さつ54ページ

54 分数 分数

▶▶▶本さつ55ページ

  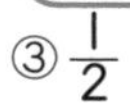

1 ① $\frac{1}{2}$　② $\frac{1}{4}$　③ $\frac{1}{2}$

2 （例）①

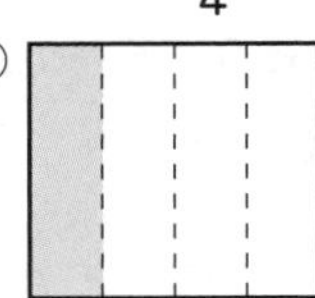

②

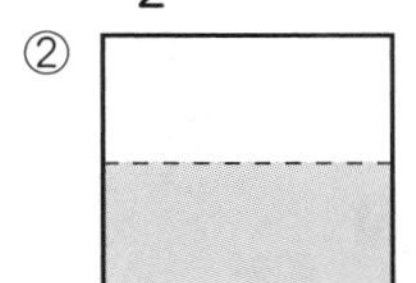

ポイント

もとの大きさの半分の大きさが $\frac{1}{2}$ で，その半分が $\frac{1}{4}$ であることを理解させましょう。
2は，どの区分をぬっても，それぞれ１つ分をぬっていれば正解です。

55 分数 分数

▶▶▶本さつ56ページ

  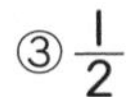 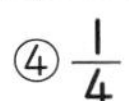

1 ① $\frac{1}{4}$　② $\frac{1}{2}$　③ $\frac{1}{2}$　④ $\frac{1}{4}$

2 （例）①

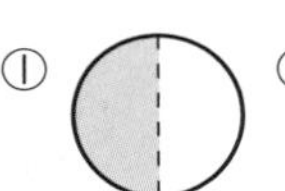

②

③

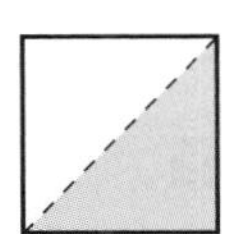

3 （例）①

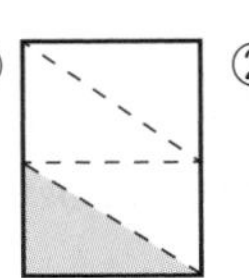

②

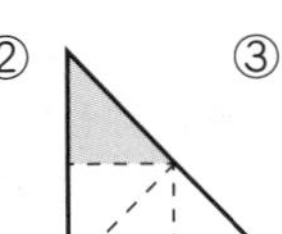

③

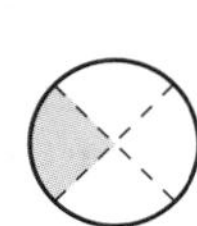

ポイント

$\frac{1}{2}$ は２つ合わせるともとの大きさになり，$\frac{1}{4}$ は２つ合わせると $\frac{1}{2}$ になることを確認させましょう。

56 10000までの 数 1000より 大きい 数 ①

▶▶▶本さつ57ページ

①1300　②3305　③5140　④4007

ポイント

100が10こ集まると1000になり，1000が2こ，3こ，……集まると2000，3000，……になることを理解させましょう。百の位以下の数え方はこれまでと同じです。

57 10000までの 数 1000より 大きい 数 ①

▶▶▶本さつ58ページ

①1500　②7500　③5206
④3520　⑤2014

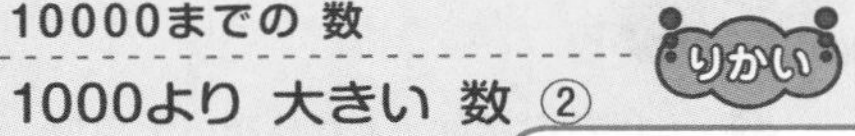

58 10000までの 数 1000より 大きい 数 ②

りかい

▶▶▶本さつ59ページ

1 ① 五千　② 三千七百
③ 八千五十三　④ 一万
⑤ 四千八百六十五

2 ①7500　②9008　③4039
④5206　⑤8653

ポイント

1　0のある位は読まないでとばすことを理解させましょう。

2　慣れるまでは

千	百	十	一
7	5	0	0

千	百	十	一
9	0	0	8

のように，各位ごとに数字を対応させて書かせてもよいでしょう。

59

10000までの 数

1000より 大きい 数 ②

▶▶▶本さつ60ページ

1 ① 四千七百五十　② 二千八百
③ 三千九百六　④ 六千六十八
⑤ 八千五百三十四

2 ①4000　②6730　③3069
④8005　⑤5080

60

10000までの 数

1000より 大きい 数 ③

▶▶▶本さつ61ページ

1 ①4　②0　③4

2 ①8064　②9623　③5800
④1600

ポイント

1 4けたの数は，上から順に千の位，百の位，十の位，一の位となり，千の位の数字は1000が何こあるかを表していることを理解させましょう。

1000が4こ　100が8こ
4862
10が6こ　1が2こ

2 ③100が58こは，100が50こと100が8こと考えさせましょう。
④10が10こで100，100こで1000です。160こは100こと60こに分けて考えさせましょう。

61

10000までの 数

1000より 大きい 数 ③

▶▶▶本さつ62ページ

1 ①3　②9　③2

2 ①5302　②2085　③4857
④4500　⑤3700

62

10000までの 数

1000より 大きい 数 ④

▶▶▶本さつ63ページ

1 ①2700　②5400　③4000
④4100　⑤5500　⑥7000
⑦6780　⑧7020

2 2700　2800　あ↓　2900　3000　い↓　3100

ポイント

数直線では，まず，1目もりがいくつを表すのかを考えさせましょう。
⑧では，7000より2目もり大きいから7200，としてしまうまちがいに注意させます。

63

10000までの 数

1000より 大きい 数 ④

▶▶▶本さつ64ページ

1 ①5600　②7900　③4600
④5000　⑤2700　⑥3040
⑦7060　⑧7100

2 6600　あ↓　6700　6800　い↓　6900　7000

ポイント

1 上から順に，1目もりは100，100，10，10を表していることを理解させましょう。

64

10000までの 数

1000より 大きい 数 ⑤

▶▶▶本さつ65ページ

① >　② <　③ <　④ >　⑤ >
⑥ <　⑦ >　⑧ >　⑨ <　⑩ >

ポイント

一番大きい位で比べさせます。一番大きい位の数字が同じときは，その下の位の数字，それも同じときは，さらにその下の位を比べることを理解させましょう。大きい位の数字が異なるときは，その下の位の数字は見なくてよいことに気づかせましょう。

65 10000までの 数 1000より 大きい 数 ⑤ れんしゅう

▶▶▶本さつ66ページ

① >　② >　③ <　④ <　⑤ >
⑥ <　⑦ <　⑧ >　⑨ <　⑩ >
⑪ >　⑫ <　⑬ <　⑭ >　⑮ <
⑯ >

66 10000までの 数の まとめ しゅみは なあに

▶▶▶本さつ67ページ

べんきょうした日　月　日

66 10000までの 数の まとめ
しゅみは なあに

▶▶▶答えはべっさつ13ページ

数が 大きい ほうの ひらがなを、
上から じゅんに ならべて みましょう。

㋳ 4300 ? 4000 ㋟
㋡ 2800 ? 3200 ㋮
㋖ 6290 ? 6420 ㋨
㋭ 5190 ? 5119 ㋹
㋒ 8657 ? 8659 ㋷

答え　やまのぼり

67

67 長さ 長い ものの 長さの たんい りかい

▶▶▶本さつ68ページ

1 ①3　②500　③650
④8，65　⑤5，4

2 ①8，40　②6，60　③6，47

おぼえよう　100

ポイント

1 1m = 100cm の関係をしっかり覚えさせましょう。6m50cm = 600cm + 50cm，865cm = 800cm + 65cm のように，何百といくつに分けさせます。

2 同じ単位どうしを計算することを理解させましょう。

68 長さ 長い ものの 長さの たんい れんしゅう

▶▶▶本さつ69ページ

1 ①4　②800　③360
④105　⑤6，72　⑥7，8

2 ①2，20　②2，90　③1，30
④8，40

ポイント

1 m を cm になおすには，0 を 2 つつければよいこと，cm を m になおすには，何百と何十何に分ければよいことに気づかせましょう。
③3m60cm = 300cm + 60cm
④1m5cm = 100cm + 5cm
⑤672cm = 600cm + 72cm

2 mはmどうし,cmはcmどうしを計算させます。

図を つかって 考える

図を かいて 考える ①

▶▶▶本さつ70ページ

① ぜんぶで（24）こ，もらった（8）こ

（しき） 24－8＝16 答え 16

② ぜんぶで（28）こ，きょう おった（9）こ

（しき） 28－9＝19 答え 19

ポイント

図に表すとわかりやすいことを実感させましょう。
図から，ひき算で求めることに気づかせます。

図を つかって 考える

図を かいて 考える ①

▶▶▶本さつ71ページ

①ぜんぶで（36）まい，もらった（12）まい

（しき） 36－12＝24 答え 24

②ぜんぶで（48）こ，かご （10）こ

（しき） 48－10＝38 答え 38

ポイント

① はじめの枚数＝全部の枚数－もらった枚数 です。
② はこに入っている数＝全部の数－かごに入っている数 です。

図を つかって 考える

図を かいて 考える ②

▶▶▶本さつ72ページ

①ぜんぶで（22）人，はじめ（14）人

（しき） 22－14＝8 答え 8

②ぜんぶで （27）まい，赤（15）まい

（しき） 27－15＝12 答え 12

ポイント

図から，ひき算で求めることに気づかせます。

図を つかって 考える

図を かいて 考える ②

れんしゅう

▶▶▶本さつ73ページ

①ぜんぶで（23）人，はじめ（18）人

（しき） 23－18＝5 答え 5

②ぜんぶで（37）人，1組（19）人

（しき） 37－19＝18 答え 18

ポイント

① あとから来た人数＝全部の人数－はじめの人数です。
② 2組の人数＝合わせた人数－1組の人数 です。

図を つかって 考える

図を かいて 考える ③

▶▶▶本さつ74ページ

①のこり（26）こ，たべた（12）こ

（しき） 26＋12＝38 答え 38

②のこり（14）m，つかった（8）m

（しき） 14＋8＝22 答え 22

ポイント

図から，たし算で求めることを理解させましょう。

図を つかって 考える

図を かいて 考える ③

▶▶▶本さつ75ページ

①のこり（600）mL，のんだ（200）mL

（しき） 600＋200＝800 答え 800

②のこり（42）まい，くばった（23）まい

（しき） 42＋23＝65 答え 65

ポイント

① はじめの量＝残った量＋飲んだ量 です。
② はじめの枚数＝残った枚数＋配った枚数 です。

図を つかって 考える

図を かいて 考える ④

本さつ76ページ

①はじめ（800）g，のこり（600）g

（しき） 800－600＝200　答え　200

②ぜんぶで（45）ページ，のこり（28）ページ

（しき） 45－28＝17　答え　17

ポイント

図から，ひき算で求めることに気づかせましょう。

図を つかって 考える

図を かいて 考える ④

本さつ77ページ

①はじめ（8）m，のこり（2）m

（しき） 8－2＝6　答え　6

②はじめ（36）人，のこった（28）人

（しき） 36－28＝8　答え　8

ポイント

① 使った長さ＝はじめの長さ－残りの長さ です。
② おりた人数＝はじめの人数－残りの人数 です。

はこの 形

はこの 形

本さつ78ページ

1 ①8　②4　③4　④4　⑤2，3

2 ①8　②12　③正方形

ポイント

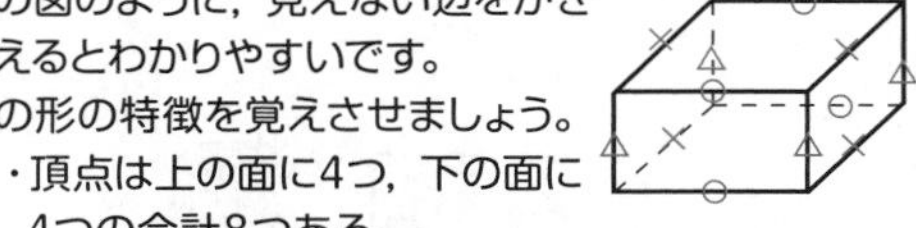

右の図のように，見えない辺をかき加えるとわかりやすいです。
箱の形の特徴を覚えさせましょう。
- 頂点は上の面に4つ，下の面に4つの合計8つある。
- 同じ長さの辺（上の図の同じ印をつけた辺）が4本ずつ3組ある。
- 同じ形の長方形の面（向かい合った面）が2つずつ3組ある。

さいころの形の特徴を覚えさせましょう。
- 頂点は，箱の形と同じで，8つある。
- 同じ長さの辺は12本ある（すべての辺が同じ長さ）。
- 同じ形の面は6つある（すべての面が同じ形）。

はこの 形

はこの 形

本さつ79ページ

1 ① ㋐2　㋑2　㋒2

②4，4，4，8

2 4，12，8

ポイント

ひごの長さは辺の長さと同じであること，ひごの本数は辺の数と同じであること，ねん土玉の数は頂点の数と同じであることを理解させましょう。

79
はこの 形の まとめ
はこの 中に 何が あるのかな
本さつ80ページ

べんきょうした日 月 日
79
はこの 形の まとめ
はこの 中に 何が あるのかな
答えはべっさつ16ページ
はこの 形を ぜんぶ 見つけて，はこに ついて いる
ひらがなを，番ごうの 小さい じゅんに ならべて みましょう。
①
り
②
さ
③
と
④
く
⑤
よ
⑥
ら
⑦
う
⑧
ん
⑨
し
⑩
あ
⑪
ぼ
⑫
こ
答え
さくらんぼ
80